农村产业脱贫技术指导教材
全国新型职业农民培育教材

西瓜

栽培技术及病虫害防治

XIGUA ZAIPEI JISHU JI BINGCHONGHAI FANGZHI

■《西瓜栽培技术及病虫害防治》编委会 编

U0351378

云南出版集团

YNK 云南科技出版社

·昆明·

图书在版编目（CIP）数据

西瓜栽培技术及病虫害防治 /《西瓜栽培技术及病虫害防治》编委会编 . —— 昆明：云南科技出版社，2019.5

ISBN 978-7-5587-2125-0

Ⅰ . ①西… Ⅱ . ①西… Ⅲ . ①西瓜—瓜果园艺—职业教育—教材②西瓜—病虫害防治—职业教育—教材 Ⅳ . ① S651 ② S436.5

中国版本图书馆 CIP 数据核字 (2019) 第 093516 号

西瓜栽培技术及病虫害防治
《西瓜栽培技术及病虫害防治》编委会　编

责任编辑：唐坤红　洪丽春
助理编辑：曾　芫
责任校对：张舒园
装帧设计：余仲勋
责任印制：蒋丽芬

书　　号：ISBN 978-7-5587-2125-0
印　　刷：永清县晔盛亚胶印有限公司
开　　本：889mm×1194mm　1/32
印　　张：4.125
字　　数：100 千字
版　　次：2019 年 6 月第 1 版　　2020 年 7 月第 4 次印刷
定　　价：20.00 元
出版发行：云南出版集团公司　云南科技出版社
地　　址：昆明市环城西路 609 号
网　　址：http://www.ynkjph.com/
电　　话：0871-64190889

教材编写委员会

主　任　唐　飚

副主任　李德兴　马晓画

主　编　张永平

参编人员　张　桦　施菊芬

审　定　李德兴

前　言

西瓜（学名：*Citrullus lanatus*（Thunb.）Matsum. et Nakai）一年生蔓生藤本；茎、枝粗壮，具明显的棱。卷须较粗壮，具短柔毛，叶柄粗，密被柔毛；叶片纸质，轮廓三角状卵形，带白绿色，两面具短硬毛，叶片基部心形。雌雄同株。雌、雄花均单生于叶腋。雄花花梗长3~4厘米，密被黄褐色长柔毛；花萼筒宽钟形；花冠淡黄色；雄蕊近离生，花丝短，药室折曲。雌花：花萼和花冠与雄花同；子房卵形，柱头肾形。果实大型，近于球形或椭圆形，肉质，多汁，果皮光滑，色泽及纹饰各式。种子多数，卵形，黑色、红色，两面平滑，基部钝圆，通常边缘稍拱起，花果期夏季。

中国各地栽培，品种甚多，外果皮、果肉及种子形式多样，以云南的口感最好，上市最早。其原种来自非洲，久已广泛栽培于世界热带到温带，金、元时始传入中国。

西瓜为夏季之水果，果肉味甜，能降温去暑；种子含油，可作消遣食品；果皮药用，有清热、利尿、降血压之效。

本书根据我省西瓜栽培的特点和瓜农需求，重点介绍了西瓜优良品种、嫁接育苗技术、设施栽培技术、西瓜的水肥管理、病虫害防治等。附以图片和文字说明。本教材通俗易懂，具有较强的科学性、实用性和可操作性，主要供西瓜种植者学习培训使用。同时，也可作为基层农技人员指导农业生产的实用工具书。由于我们的水平有限，加之成稿仓促，书中缺点在所难免，如有不妥之处，欢迎读者批评指正。

编　者

目录

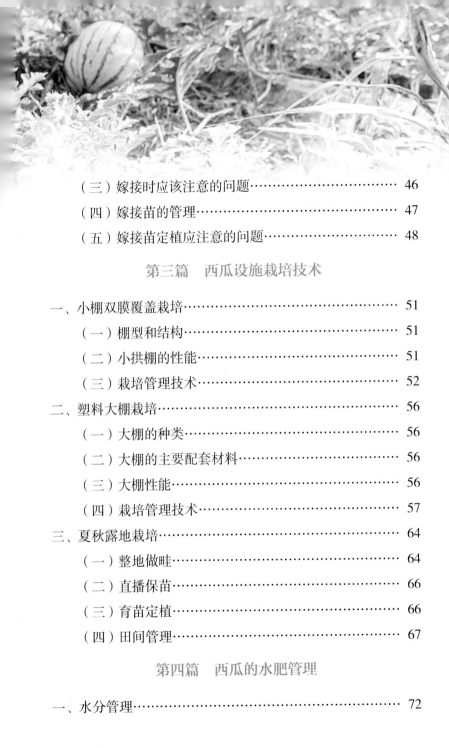

第五篇　西瓜病虫害防治

第一篇　西瓜的特征、特性及部分优良品种

一、植物学特征

西瓜属葫芦科、西瓜属、西瓜种的一年生蔓性草本植株。西瓜由营养器官（根、茎、叶）和生殖器官（花、果实、种子）构成。

（一）营养器官

1. 根

根是吸收水分和无机盐的主要器官，可直接参与有机物质的合成。

西瓜的根系由主根、多级侧根、不定根及无数根毛组成。主、侧根的

图1-1　西瓜的根系

作用是迅速扩大根系的入土范围，占据较大的营养面积；而根毛则是吸收水分和养分的重要器官。

西瓜的根系发达。在土层深厚、透气性好的土壤里，主根深达1米以上，侧根可达20余条，其上又分生多级次生根向四周水平方向伸展，半径1.5米左右；但其主要根系分布在耕作层30~50厘米范围之内。西瓜根系伸展的深而广，是它耐旱的特征之一。

西瓜的茎蔓与湿润土壤接触一周后，就能从茎节处长出不定根，并分生侧根和根毛，吸收土壤中的养分和水分，并使瓜蔓固定。

西瓜的根系虽较其他作物发生早，但数量少，木质化程度较低而木栓化程度较高，新生根纤细、脆弱，易损伤，再生能力较弱，不耐移栽。育苗移栽时，最好采用营养钵或营养土育苗，以减少根系损伤，保证成活。

西瓜的根系具有好气性。根系生长需要较高的通气条件，因此，西瓜最适宜砂质土壤栽培；在黏土地上种植，常因通气不良而造成生长瘦弱，产量较低。

西瓜根系不耐涝。在地下水位高和长期水淹的情况下，根系呼吸受阻，引起生理机能失调，造成植株死亡。因此，在阴雨连绵时要注意排涝；水位高的地方要采用高畦栽培。

西瓜根系生长的土壤最适温度为28～32℃，最高为38℃，最低为10℃，根毛发生的最低温度为13～14℃，根伸长的最低温度为6～10℃。根的生长受温度影响很大，在

图1-2　西瓜的茎蔓

12～13℃时的生长量约为最适宜温度的1/50。由此，在早春直播或育苗时要特别注意提高地温的措施。

西瓜根系对土壤酸碱度的要求是pH5～7，过低时会限制对某些矿质元素的吸收，发病率增加。pH超过7时对根系生长也不利。

2. 茎

西瓜的茎为草本蔓性。幼苗期节间短缩，叶片紧凑，

呈直立状。4～5片真叶后节间伸长，匍匐生长。茎的分枝性强，每个叶腋均形成分枝，可形成3～4级侧枝。在主蔓上2～5节叶腋形成子蔓，长势接近主蔓，植株挂果后，分枝减弱。丛生西瓜节间短缩，分枝较少，由于节间短而丛生状。无权西瓜基部很少形成侧蔓，栽培时无须整枝。

茎蔓的作用是支撑叶子，着生果实；将根、叶、果实等器官连成一体；将根部吸收的水分和矿物质元素输送到叶、花、果实等器官，同时通过韧皮部将叶片制造的光合作用产物送到根部、果实等器官，以供应根系和果实等器官生长发育和正常生理活动。另外，茎蔓本身也能制造和贮存一部分养分。

3. 叶

西瓜的叶有子叶和真叶两种。子叶有两片，呈椭圆形。子叶的大小与种子的大小有关，它贮存有机物质，为

图1-3 西瓜的叶

幼苗发育提供物质和能量；在西瓜真叶长出之前，是唯一的光合作用器官。因此，幼苗期保护子叶，延长子叶的功能期，是培育壮苗的重要措施。

真叶即通常所指的叶片。由叶柄、叶脉和叶片组成，单叶，互生。一般西瓜品种的叶片为掌状深裂，个别品种为全缘叶（板叶）。叶面蜡质，茸毛密生，具有减少水分蒸发和蒸腾的作用，是适应干旱条件的生态特征。叶片正反面均有气孔，但正面蜡质层较厚，茸毛和气孔较少。因此，病菌易从叶背侵入，在喷药和根外追肥时，要喷在叶背面，以利于植株吸收。

叶片是西瓜正常生长发育、开花结果所需营养物质的主要合成场所，具有同化、吸收、蒸腾等方面的功能。保护好叶片，防止叶片早衰，延长叶片寿命是获得西瓜优质高产、高效的关键。

（二）生育器官

1. 花

西瓜一般都是雌雄同株异花（单性花），少数为雌雄两性花，这种两性花内的雌蕊、雄蕊均有正常的生殖能力，因此，在杂交制种时应注意除去雄蕊，以防自交。

西瓜的花器由萼片、花瓣、雄

图1-4　西瓜的花

蕊、雌蕊组成。一般萼片五枚为绿色；花瓣五枚呈黄色；雄花花冠大而色深，雌花花冠小而色淡；雄蕊的花药三枚扭曲；雌花为子房下位，柱头先端三裂，这与子房内心皮数相同。

西瓜属虫媒花。雌花的柱头和雄花的花药都有蜜腺，能引诱昆虫、蜜蜂传粉，因此田间放蜂可提高西瓜坐果率。

西瓜的花芽分化较早，在两片子叶充分发育时，第一朵雄花花芽就开始分化。当第二片真叶展开时，第一朵雌花分化，为花朵性别的决定期。4片真叶期为理想坐果节位的雌花分化期。育苗期间的环境条件，对雌花着生节位及雌雄花的比例有着密切的关系：较低的温度，特别是较低的夜温有利于雌花的形成；在2叶期以前，日照时数较短，可促进雌花的发生；充足的营养、适宜的土壤水分和空气湿度，可以有效增加雌花的数目。另外，化学物质（如：乙烯利）可有效地影响雌花的分化。

西瓜花的寿命短，一般就数小时。在通常情况下，无论雌花还是雄花，都是当天开放的生命力最强，授粉受精结实率高。一般上午9时以后授粉，结实率明显降低。

西瓜的花粉发芽的适温为20～25℃，当气温过高（35℃以上）、过低（15℃以下），或多雨、干燥时，就会影响花粉粒的发芽和花粉管的伸长。在正常情况下，花粉授到柱头上经10～20分钟，便可发芽；2小时后花粉管可伸入柱头；5小时后伸入柱头中部和分歧处；10小时后至柱头基部；24小时后便可伸入胚珠，完成受精过程。

西瓜开花、授粉与坐果是否顺利，由两方面的因素决定：一是植株的营养状况，如果植株健壮，功能叶片大而多，雌花、雄花花冠大，发育正常，开花、授粉与坐果就顺利。二是外界条件，如果天气晴朗、气温较高、昆虫活动频繁，则利于开花、授粉与坐果。

2. 果实

西瓜果实为瓠果，是由子房发育而成。整个果实由果皮、果肉和种子组成。果实大小品种间差异悬殊，形态多样。果实形状可分为圆形、高圆形、短椭圆形、长椭圆形。果实大小差异很大，大的可达15～20千克，如江西的抚州西瓜；而小的只有0.5～1.0千克，如红小玉、黄小玉。

果皮色泽可分为浅色、白色或浅绿色，其中有的无细网纹，如澄选1号；有的具细网纹，如富研；条纹花皮，如京欣1号、郑杂5号；底色一般为绿色，深浅以品种而异，具深绿或墨绿色条带，条带又分窄带和宽带。如蜜宝，深绿色、皮墨绿或近黑色，有的具有隐条纹。另外，还有少量的黄皮品种。其果肉色泽有乳白、黄、深黄、淡红、玫瑰红与大红等色肉质，有疏松、致密之分，前者易沙、空心，不耐贮运；后者不易

图1-5 西瓜的果实

空心、倒瓤。果皮厚度及硬度因品种而异。

西瓜果实由下位子房发育而成，果皮由子房壁发育而来。最外一层为排列紧密的表皮细胞，表皮上有气孔，外面有一层角质层，表皮下配置8～10层细胞的叶绿素带或无色细胞，即为外果皮。紧接外果皮的是由已经木质化的石细胞所组成机械组织，其厚度与木质化程度决定品种间果皮的硬度。其内是无色，组织紧密，多水不甜的肉质薄壁细胞组织的中果皮，通称瓜皮。果肉由胎座组织发育而成，主要由薄壁细胞组成，细胞间隙大，形成大量巨型含汁薄壁细胞。

3. 种子

由胚珠发育而成。由种皮、幼胚和两片肥大子叶构成。种皮厚而硬，用于保护幼胚和子叶。也是发芽所需浸种时间较长的主要原因。

西瓜种子的形状为扁平宽卵圆形，表皮光滑或有裂纹、斑块；色泽可分白、黄、黑、红、褐等多种。种子的大小因品种而不同，特大籽千粒重约250克，中等籽千粒重50～60克，小粒种子千粒重10～40克。一般单瓜内种子数为200～500粒，多者达700粒，少者有150粒左右。

图1-6 西瓜的种子

西瓜种子的寿命，在冷凉、干燥、密封的条件下可贮存7～8年，但在一般条件下，寿命仅保持2～3年。

二、生物学特性

（一）生长发育时期

西瓜从种子萌发到形成新的种子经历了营养生长和生殖生长的全过程。一般需要80～130天，在其一生中可明显划分成发芽期、幼苗期、伸蔓期和结果期四个阶段。各个阶段有不同的生育中心，并有明显的临界特征。

1. 发芽期

从播种到第一片真叶显露的过程为发芽期。在气温为15～20℃的条件下，一般需8～10天。此期生长所需养分主要依靠种子贮藏在子叶内的营养物质，地上部干重的增产量很少，胚轴是生长中心，根系生长较快，生理活动旺盛。子叶是此期的主要光合器官，其光合及呼吸强度都高于植株旺盛生长时期真叶的强度，且它的蒸腾强度却小于真叶的强度。

主要栽培措施是：保持种子发芽所需的温湿条件，调制好空气，培育壮芽和壮苗。

2. 幼苗期

自第一片真叶显露到团棵为幼苗期。团棵时幼苗有5～6片真叶，此时是幼苗期和伸蔓期的临界特征，在气温20～25℃时，约需25～35天。在此期间，真叶露心至第三片真叶出现后，第一、二真叶提供幼苗生长所需的养分；待出第五片真叶后，第三、四真叶为幼苗生长提供养分。

根系生长较快，并有花原基的分化。

主要栽培措施是：多中耕，增加土壤温度，保持土壤一定的湿度。在第二片真叶展平时，追施速效氮肥。及时清除杂草，防治病虫害。

3. 伸蔓期

从团棵到主蔓上理想坐果节位（主蔓上第二或第三雌花）雌花开放为止称伸蔓期。在气温20～25℃的适温下，需18～20天。

此期的生长特点：植株由直立生长转为节间迅速伸长，叶面积增长快，根系形成基本达到高峰，吸收水肥能力增强。到此期结束时，茎蔓伸长日可达到10～20厘米。雌、雄花相继孕蕾并有开放。

主要栽培措施是：在继续促进和保护根系发育的基础上，促使茎蔓生长健壮，形成面积大、光合强度高的营养体系。同时控制徒长，以促进生殖生长。防治病虫害。

4. 结果期

从理想坐果节位雌花开放到果实的生理成熟为结果期。在气温25～30℃的适温下，需28～45天。此期内果实形态发生"退毛""定个"等形态变化。据此临界特征，可进一步分为三个时期：坐果期、膨瓜期、变瓤期。

（1）坐果期

西瓜从理想节位雌花开放到果实退毛为坐果期。在适温条件下，需4～6天。

此时的特点是：一方面茎蔓继续旺盛生长；另一方面果实开始膨大，是以营养生长为主转向以生殖生长为主的转折阶段。

主要栽培措施是：及时整枝、压蔓，适当节制浇水，以控制过旺的营养生长，同时要进行人工授粉，促使适时适当结瓜，提高坐果率。

（2）膨瓜期

即从果实退毛到定个这段时期。在适温条件下，需15~25天。

此时的特点是：果实体积迅速膨大，重量剧增，吸收水肥最多，消耗量也最大。叶片开始衰老，营养生长十分缓慢，易患病。

主要栽培措施是：加强水肥管理，扩大和维持叶面积，延长叶片光合作用时间，开始进行"留瓜""摘心""扪尖"，以集中养分供果实生长，加强病虫害的防治。

（3）变瓤期

从果实定个到生理成熟为变瓤期。在适温条件下，需7~10天。

此时的特点是：种仁逐渐充实并着色；茎叶中部分营养转入果实，果实糖量逐渐升高，果实比重下降；植株加速衰老，基部老叶开始脱落，茎蔓尖端重新开始伸长（结二茬瓜的一般在此期开花坐果）。此期对产量影响不大，是决定西瓜品质的关键时期。

主要栽培措施是：保持叶片的同化功能，避免损伤叶片，防止蔓、叶早衰，停止浇水，注意排水，同时采取"垫瓜""翻瓜"等措施，来提高果实品质。

（二）对环境条件的要求

西瓜生长的适宜环境是：温度较高，日照充足，供水及时，空气干燥，土壤肥沃、疏松。

1. 温度

西瓜是喜温、耐热、极不耐寒、遇霜即死的作物。西瓜生长的适宜温度为18～32℃，在这个范围内，温度越高，同化能力越强，生长越快。西瓜生长的最低温度为10℃，最高温度为40℃。在西瓜不同生育期对温度的要求不同，发芽期的最适宜温度为28～30℃，最低温度为15℃；幼苗期的最适宜温度为22～25℃，最低温度为10℃；伸蔓期的最适宜温度为25～28℃；结果期的最适宜期为30～35℃，最低温度为18℃。西瓜整个生长发育期间所需的积温为2500～3000℃，其中从雌花开放到该果实成熟的积温为800～1000℃。另外，西瓜在特定的条件下栽培时，对温度也有一定的适应范围，如在冬春温室或大棚内种植西瓜时，其适温范围，夜温8℃，昼温38～40℃，昼夜温差在30℃时仍能正常生长和结果。

西瓜适于大陆性气候，在一定的温度范围内，昼夜温差大的地区有利于西瓜的生长。特别有利于西瓜果实糖分的积累。这是因为较高的昼温同化作用较强，积累的同化产物较多；较低的夜温可以降低呼吸作用对养分的消耗，同时也有利于同化产物向茎蔓、果实运转。然而当夜温低于15℃时果实生长缓慢，甚至停止。一般来讲，坐果前要求较小的昼夜温差，坐果后要求较大的昼夜温差。

2. 光照

光是植株制造有机物的唯一能源。光的强弱，光照时间的长短对同化作用有着密切的关系。西瓜对光照条件的反应十分敏感，在阳光充足的条件下，幼苗胚轴短粗，子叶浓绿肥厚，株型紧凑，节间和叶柄较短，蔓粗，叶片大而浓绿；如果苗期连续阴雨，光照不足，则子叶黄化，失去制造养分功能而僵化死亡；节间和叶柄较长，叶形狭长，叶薄而色淡，机械组织不发达，容易得病，影响养分的积累和果实的生长，含糖量显著降低。

西瓜是需光较强的作物，每天日照时数一般为10～12小时，日照8小时以下，不利西瓜的发育。幼苗期光饱和点为8万勒克司，结果期10万勒克司以上，光补偿点为4000勒克司。因此，在生产上应尽量减少对西瓜的遮阴，改善瓜田光照条件。

另外，光质对西瓜的生长发育也有一定的影响。

3. 水分

西瓜一生需水量很大，又由于西瓜拥有深而广的根系，又是耐旱性很强的作物。据测定，每株西瓜在全生育期中需耗水1000千克，形成1克干物质需蒸发700克水分。

西瓜开花结果期对水分最为敏感，若缺水，则子房发育受阻，影响坐果；西瓜果实膨大期是西瓜需水临界期，此时缺水，易使果实变小，产量降低。

据有关资料报道，西瓜生长的适宜土壤含水量以土壤持水量的60%～80%最为合理。不同生育期所需适宜的土壤含水量有所不同：幼苗期为土壤持水量的65%，伸蔓期为70%，而果实膨大期应保持75%左右，否则将影响产量。

西瓜需水量大，但根系不耐水涝，约24小时的水淹，根部就腐烂，造成全田死亡，必须重视排涝工作。

4. 土壤

西瓜的根系有明显的好气性，只有物理结构良好的土壤才能有足够的氧气供西瓜正常生长发育。西瓜对土壤的适应性很广，砂土、壤土、黏土均可种植，但以河岸冲积土和耕作层深厚的砂质壤土为最适宜。

西瓜适宜的土壤pH值为5~7，较耐盐碱，但在土壤含盐量达0.2%以上时，则不能生长。种植在酸性强的土壤上的西瓜易染枯萎病。

5. 养分

西瓜是需肥水较多的作物，它所吸收的矿质养分以氮、磷、钾为最多。西瓜前期吸收氮多，钾少，磷更少，以后钾逐渐增加，到坐果期氮和钾很接近，到膨大期及变瓤期吸收的钾大于氮。

西瓜整个一生是吸收钾多，氮次之，磷更少，其比例大致3.28∶1∶4.33。不同生育期对三要素的需要量和吸收比例不同，发芽期吸收量最少，仅占总吸肥量的0.01%，此期主要靠子叶内贮藏的养分；幼苗期吸肥也较少，约占总吸肥量的14.67%；结果期吸肥量最多，约占总吸肥量的85%左右。

二氧化碳是植株进行光合作用的重要原料，西瓜植株周围二氧化碳的浓度，直接影响着光合作用的效率。

要维护西瓜较高的光合作用，二氧化碳浓度应保持在0.25%～0.3%毫升/升空气的范围，增施有机质肥料和碳素化肥，可提高二氧化碳的浓度。在塑料大棚及保护地栽培时，应特别注意二氧化碳气体的浓度，以确保丰产优质。

三、优良品种

（一）优质小果型早熟西瓜

1. 早春红玉

日本米可多公司育成。早熟品种，果实发育期28～32天。早春开花结果后35～38天成熟，中后期结果的开花后28～30天成熟。植株生长势强，果实长椭圆形，长（纵径）20厘米，单瓜重1.5～1.8

图1-7 早春红玉

千克。果皮深绿色上覆有细齿条花纹，果皮极薄，皮厚0.3厘米，皮韧而不易裂果，较耐运输。瓤深红，纤维少，含糖量高，中心含糖量13%左右，口感风味佳。在低温弱光下，雌花的着生与坐果较好，适于早春温室大棚促成栽培。适应性较广，是目前云南省小型西瓜的主栽品种之一。

2. 玲珑王

西北农林科技大学园艺学院育成。2004年，通过陕西省品种鉴定。极早熟、商品性好、品质极佳、抗病性强、

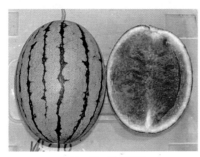

图1-8 玲珑王

适应性广。在2005年全国小果型礼品西瓜展评中获市场评价红瓤类第一名，特别适合日光温室及大棚栽培。早熟品种，全生育期85天左右，果实生育期26天，主蔓长约2.5米，

分枝性强，叶片深绿，第一雌花出现在第4叶节处，以后每隔3～4节再现雌花，设施栽培以第2或第3雌花坐果较为适宜。该品种底色浅绿，黑绿细条纹均匀分布，果面少有杂斑，外观美观，果实短椭圆形，果型指数1.28。瓤色艳红，剖面好，纤维素含量低。中心含糖量13%～14%，边糖11.5%，梯度小。皮坚韧，厚0.5厘米。该品种为设施栽培专用品种，可连续性坐果，单瓜重2千克左右，单株产量4千克，每667平方米产量5000千克。

3. 华晶5号

洛阳市农兴瓜果开发公司1999年育成。该品种为早熟品种，果实发育期26～28天。果皮绿色，覆有墨绿色条带。果实椭圆形，果形指数1.3～1.4，皮厚0.5厘米，瓜瓤鲜红，中心含糖量13%左右，边糖梯度小，肉质爽脆。种子黑褐色。果实发育期24～26天，属极早熟品

图1-9 华晶5号

种。抗病，耐瘠薄，耐水肥，较耐低温弱光，生长势较强。第一雌花着生于第四至第五节，以后每隔4~5个节位着生1朵雌花，易坐果，一般每株可坐果2~3个。单果重1.8千克左右。每667平方米产量3600千克。较耐贮运，不易裂果。适应性广。

4. 小天使

合肥丰乐种业瓜类研究所育成。2002年通过全国农作物品种审定委员会审定。极早熟品种。主蔓第十节左右出现第一雌花，雌花间隔5~7节，果实发育期25天。单瓜重

图1-10　小天使

1.5千克左右。果实椭圆形，鲜绿皮上覆墨绿细齿条，外形美观，皮厚0.3厘米。红瓤，质细，脆嫩，汁多味甜，中心含糖量13%左右，风味佳。植株长势稳健稍强，易坐果，较耐弱光、低温，适宜于特早熟棚室、早熟小拱棚等保护地栽培，也适宜于延秋栽培。

5. 爱国者

中国农科院郑州果树研究所育成。该品种为极早熟品种。全生育期83天左右。单瓜重1.5千克左右。果实椭圆形，绿色皮上覆墨绿齿条带，红瓤，

图1-11　爱国者

皮厚0.2~0.3厘米，中心含糖量11.5%~12.5%，边糖含量9.5%，肉质细嫩，汁多，口感特优。植株长势稳健，易坐果。较耐弱光和低温。适宜于日光温室、大棚、早熟小拱棚等保持地栽培，也适宜于延秋栽培。

6. 万福来

图1-12　万福来

韩国首尔种苗株式会社育成，该品种植株生长势旺盛，果实椭圆形，单瓜重1.8千克左右。果皮绿色，条纹细，外观及品质似早春红玉。坐果性能好，在低温弱光下也能正常坐果，连续坐果保果能力强，产量稳定。特早熟，瓜瓤鲜红色，果皮极薄，中心含糖量13%左右，口感好，产量高，深受市场欢迎。适于春秋两季保护地栽培。

7. 秀丽

安徽省农科院园艺所1996年育成。该品种为极早熟种。抗病性较强，品质佳。植株生长健壮，低温伸长性好，容易坐果。果实发育期24~25天。果实椭圆形，外皮鲜绿色，其上覆有细条带15~16

图1-13　秀丽

条，瓜瓤深红色，肉质细嫩。中心含糖量13%左右，边糖梯度小，风味佳。单瓜重2～2.2千克，瓜形周整，不变形，不空心，大小适中，皮厚0.2～0.3厘米，有韧性。适宜长江流域及华东地区春秋季大小棚栽培。

8. 黄小玉

日本南都种苗株式会社育成，湖南省瓜类研究所引进。2001年先后通过湖南省和全国农作物品种审定委员会审定。该品种为极早熟种。全生育期83天左右。植株生长势中等，分枝力强，耐病，抗逆性强，低温生长性良好。易坐果，

图1-14 黄小玉

单株坐果2～3个。果实高圆形，单瓜重2～2.5千克，适于4～5月温室大棚早熟栽培。浓黄瓤，瓤质脆，中心含糖量12%～13%，口感风味佳。果皮绿色覆有黑绿色条带，外观美，果实圆整度好，皮薄0.3厘米，皮韧，富有弹性，较耐贮运。种子比同类品种少30%～40%，食用方便。

9. 玉玲珑

中国农科院郑州果树研究所育成。该品种全生育期85天左右。果皮绿色覆有墨绿色条带，果实高圆形，果形指数1.1，皮厚0.3厘米，单瓜重1.5～2千克，瓤橙黄色，中心含糖量11.5%～12%左右，边糖，

图1-15 玉玲珑

肉质爽脆。抗逆性较好，易坐果，一般每株可坐果2个。较耐贮运，适应性广，适于日光温室、大棚、小拱棚栽培，也可进行露地和秋延保护地栽培。

10. 秀雅

图1-16　秀雅

安徽省农业科学院园艺研究所1996年育成。极早熟种。皮极薄，黄瓤，肉质细嫩，品质优，种子少，单瓜重1.5~2千克，纤维少，口感佳。中心含糖量13%，边糖10%。果实圆形，坐果率高，单株可留瓜3~5个。一般每667平方米产量可达3000千克左右。适宜春秋保护地栽培。

11. 华晶3号

洛阳市农兴瓜果开发公司1999年育成。本品种果实圆形，皮厚0.5厘米左右，红瓤，中心含糖量12%~12.8%，中边糖梯度小。种子褐色，千粒重40克左右，叶脉、叶柄及子房全为黄色。果实发育期25~28天，全生育期100天

图1-17　华晶3号

以内，属极早熟品种。较抗蚜虫和病毒病，耐水肥，生长势中等。第一雌花着生于第四至第七节，以后每隔4～5节出现1朵雌花，极晚坐果，一般每株可坐2～3个果，单果重2～2.5千克。

12. 黑美人

台湾农友种苗公司育成。是目前生产上推广应用最为广泛的早熟品种。该品种墨绿皮上覆有暗条带，果实长椭圆形。极早熟，生长势强。皮薄而韧，极耐运

图1-18　黑美人

输。单瓜重2.5千克左右。深红瓤，质细多汁，中心含糖量12%左右。适应性广。

（二）早熟西瓜品种

1. 郑抗6号（特早佳龙）

中国农科院郑州果树研究所育成的优质抗病早熟品种

之一，1998年通过河南省品种审定，果实发育期25～28天。郑抗6号的植株生长势中，主蔓第4～5节出现第1雌花，间隔4～5节再现一雌花，极易坐果。单瓜重5～6千克，一般亩

图1-19　郑抗6号（特早佳龙）

产4000千克以上。果实椭圆形，果皮绿底上带网纹，果肉大红色，肉质脆，汁多爽口，中心含糖量11%～12%。抗病性与抗旱性较强，适于地膜和设施早熟栽培。

2. 京欣1号

北京市农科院蔬菜研究中心与日本西瓜专家森田欣

一1985年合作选育的早熟西瓜品种，果实发育期30天左右，叶型小，植株生长势中等。果实圆球形，果皮绿底上有墨绿色条带，果肉深粉红色，肉质松脆，汁多适口，果实中心含糖量11%～12%左右，平均单瓜

图1-20　京欣1号

重4～5千克，一般亩产2500千克以上，但皮薄易裂，不耐贮运，适合城市郊区早熟设施栽培。

3. 早巨龙

河北省农业技术推广总站蔬菜种苗中心选育的早熟优良品种之一，1999年通过河北省品种审定。该品种生长势中等偏强，主蔓第8节出现第1雌花，以后每隔5节出现一雌花，坐瓜能力强，果实生育期30天左右，单瓜重7千克左右，果实整齐，一般亩产6000～6500千克。果实椭圆形，果皮深绿底上有墨

图1-21　早巨龙

绿色花纹，果肉红色，肉质沙脆，汁多爽口，风味佳，中心含糖量12%左右，耐运输。该品种抗炭疽病，对枯萎病也有一定抗性，适合设施栽培和露地早春栽培。

4. 世纪春蜜

中国农科院郑州果树研究所育成。世纪春蜜在

图1-22　世纪春蜜

2000～2001年农业部全国农技中心与中国园艺学会举办的全国优质早熟西瓜评比中获优秀品种奖第一名。极早熟种，全生育期85天左右，果实发育期25天以下。植株生长势中等

偏弱，极易坐果，果实圆球形，浅绿底色上覆有深绿色特细条带，外观非常漂亮。瓤质酥脆细嫩，口感极好，中心含糖量12.5%左右，品质上等。平均单瓜重4千克左右，正常栽培时每667平方米产3000～3500千克。适于大棚、小拱棚及地膜覆盖栽培。

5. 京欣2号

北京市蔬菜研究中心育成。外形似京欣1号，中早熟种。全生育期90天左右，果实发育期28～30天，单瓜重5～7千克，有果霜，红瓤，中心含糖量11%～12%。肉质脆嫩，口感好，风味佳。耐贮。高抗枯萎病兼抗

图1-23　京欣2号

炭疽病。每667平方米产量4500千克左右，适合保护地和露地早熟栽培。与京欣1号相比，在低温弱光下坐瓜性好，膨瓜快，早上市，耐裂性有所提高。

6. 红大

日本南都种苗株式会社育成。湖南省瓜类研究所引进，1997年通过湖南省农作物品种审定委员会审定。2002年通过全国农作物品种审定委员会审定。为中熟

图1-24　红大

偏早品种。全生育期88～90天，果实发育期29～30天。植株生长势中等，抗病性强，低温生长性良好。单株坐果数2个以上。单果重4～5千克。果实高圆形，果皮绿色，上覆深绿色虎纹状条带。果实剖面浓粉红色，果皮厚0.8～1厘米，皮薄且硬度强。中心含糖量12%～13%，口感风味佳。每667平方米产量稳定在3000千克左右。

7. 皖杂3号

合肥市丰乐种业公司育成。2002年通过全国农作物品种审定委员会审定。早熟种。雌花出现早，主蔓第六至第七节出现第一朵雌花，以后每隔5～6节再现1朵雌花。果实

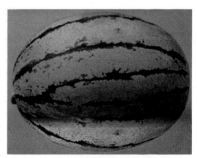

图1-25　皖杂3号

发育期28天左右，全生育期90天左右。果实高圆形，果形指数1.1，果皮浅绿底色上覆盖墨绿锯齿形条带12~14条。皮厚1.2厘米，硬度较强，较耐贮运。瓜瓤红色，瓤质松脆爽口，中心含糖量12%左右，边糖8%左右。平均单瓜重4~5千克，商品瓜每667平方米产量3500~4000千克。

8. 丰乐玉玲珑

合肥市丰乐种业公司育成。2002年通过全国农作物品种审定委员会审定。早熟种。果实发育期30天，全生育期90天。植株长势平稳，分枝适中，雌花出现早，极易

图1-26　丰乐玉玲珑

坐果。主蔓第一朵雌花着生于6~7节，以后每隔4~5节再现1朵雌花。果实圆球形，果形指数为1。外观光滑圆整，有蜡粉，果皮绿色底上覆盖黑色条带，皮厚1厘米，硬度强，不裂果，不空心，耐贮运。瓤色深红，瓤质紧脆，中心含糖量12%左右，边糖8.5%，口感好。七八成熟即可采收上市，贮藏7~10天后品质更佳。平均单瓜重4~5千克，每667平方米商品瓜产量3500千克。不抗枯萎病，重茬地需嫁接栽培。

9. 春蕾

西北农林科技大学园艺学院1999年育成。2001年通过陕西省农作物品种审定委员会审定。2005年通过北京市农作物审定委员会审定。为特早熟种。全生育期80~85天，

图1-27 春蕾

果实发育期25天左右。一般在第五叶节出现雌花，以后每隔3～4节再现雌花，第二朵雌花以后，坐果能力较强；果实高圆形，果形指数1.25。翠绿底色，覆墨绿细条纹均匀分布，条带间隙较宽且少有杂斑。果面具光泽性，外观美。瓤色红，籽少且小，口味沙甜爽润，不空心，不倒瓤，且纤维素含量低。中心含糖量13%左右，中边糖梯度较小，皮薄且韧，皮厚0.6厘米。对枯萎病抗性较强。

10. 新优25号（W94～6）

新疆生产兵团二团种子公司育成。2000年通过新疆维吾尔自治区农作物品种审定委员会审定。早熟品种。全生育期72天左右，果实发育期32天左右。第一雌花着生于主蔓第八节，以后每隔4～5节再现雌花。果实圆形，果形指数1，皮色底色绿，覆墨绿色齿条带，瓤红色。中心含糖量11%，瓤质细脆，

图1-28 新优25号（W94～6）

多汁，风味佳。单瓜重4～5千克，每667平方米产量4000～5000千克。该品种具有生长势强、抗病性强、耐贮

运的特点。

11. 郑杂7号

图1-29　郑杂7号

中国农科院郑州果树研究所育成。2002年通过全国农作物品种审定委员会审定。早熟种。全生育期85天左右，果实发育期30~32天。植株长势中等，坐果性较好，抗病性中等，耐湿性中等，耐肥水。第一雌花着生在主蔓第五至第七节，以后每隔5~6节再现雌花。果实高圆形，果形指数1.1~1.2，果面光滑，深绿底色上覆有深绿色齿条，红瓤，瓤质沙脆，汁多爽口，纤维少，中心含糖量11%左右。皮厚1厘米，单瓜重5千克，每667平方米产量3000千克。种子黄褐色，千粒重43克左右。适于地膜覆盖育苗栽培，亦可直播。

12. 美抗9号

河北省蔬菜种苗中心育成。2002年通过全国农作物品种审定委员会审定。早熟种，果实发育期28天。植株生长势强，分枝性中强，易

图1-30　美抗9号

坐果，抗病性较好。果实圆球形，果形指数1，深绿色果皮上覆有15～17条墨绿色条带。皮厚1厘米，皮韧，耐贮运。红瓤、质脆多汁，中心含糖量12%以上，不倒瓤，口感好。单瓜重4.5千克。种子小而少。适于露地和保护地栽培。每667平方米种植密度700～800株，二蔓或三蔓整枝。

（三）中熟西瓜品种

1. 西农8号

西北农林科技大学园艺学院选育，1993年通过陕西省品种审定。1998年通过国家审定。其育种方法1996年获得国家专利。2003年获国家科技进步二等奖。植株生长势强，幼苗齐、壮。第1雌花在第7～8节出现，其后每间隔

3～5节再现雌花，坐瓜能力强。果实椭圆形，果皮底色浅绿覆有浓绿色条带，果肉红色，肉质细，中心含糖量11.5%～12.5%，品质佳。单瓜重

图1-31　西农8号

8～18千克，亩产5000千克左右。高抗枯萎病兼抗炭疽病，耐重茬。该品种因丰产潜力大，要求肥水条件较好。定植密度每亩500株左右，一般采用双蔓或三蔓整枝，选留第2或3雌花坐瓜为宜，坐瓜前需控制肥水防止徒长，坐住瓜后及时追肥浇水。采收时需充分成熟，以免影响品质。

2. 红冠龙

西北农林科技大学园艺学院选育，1998年通过陕西省品种审定，全国西瓜第五批区试综合评价第一名。2002年通过国家审定。

2005年获教育部科技进步二等奖。植株生长势强，幼苗壮、出苗齐。第1雌花在第7节出现，其后每间隔3～5节再现雌花，坐瓜能力强。果实生

图1-32　红冠龙

育期36天，果实椭圆形，果皮底色浅绿覆有深绿色条带，果肉大红色，肉质细脆，果实中心含糖量12.5%以上，品质佳。耐运输、极耐贮藏。单瓜重9～10千克，一般每667平方米产6000千克左右。高抗枯萎病、炭疽病，较耐病毒病，抗旱、耐湿性强，对土壤适应性广。该品种喜肥水，丰产潜力大。在北方地区定植密度一般每亩700株左右，多雨地区适当减少，设施栽培可再增加密度。一般采用双蔓或三蔓整枝，选留第2或3雌花坐瓜为宜，坐瓜后及时追肥浇水，但坐瓜前需控制肥水防止徒长，采收不宜过早，以免影响品质。

3. 陕农9号

西北农林科技大学园艺学院选育，2002年通过陕西省品种审定，同年通过全国农作物品种审定委员会审定。中熟种，全生育期约100天左右。第一雌花出现在第11叶

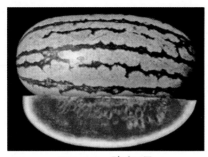

图1-33　陕农9号

节处，其后每隔3～5节再现雌花，坐果能力较强，果实从开花到成熟期36～38天。果实为椭圆形，果形指数为1.56。生长势强，植株主蔓长约3米以上，分枝能力较强，叶片深绿，具有较强的抗旱能力。品质优，不空心，品质细脆、纤维少、种子少，多汁爽口、风味十分好；中心含糖量13.2%以上，边缘11.0%，梯度较小，皮厚0.9厘米，可食率高。产量高，平均单瓜重8～9千克，最高在20千克以上，每667平方米产量约6000千克以上。抗病能力强，十分耐病毒病。适应性广，该品种适宜于全国各地种植。

4. 湘育8号

湖南省农科院园艺研究所育成。2000年2月通过湖南省农作物品种审定委员会审定。中晚熟种，全生育期105天，果实发育期38天。主蔓第八至第十四节着生第一朵雌花，以后每隔6～7节再现1朵雌花。果实椭圆形，果形指数1.4。果皮淡绿，其上均匀分布清晰锯齿形绿色条纹，外观美丽。瓤色鲜红，瓤质细脆，易坐果。单瓜重10～14千克，每667平方米产量4000～5500千

图1-34　湘育8号

克。抗枯萎病能力强，耐重茬，适应范围广，稳产性能好，果实商品率高。

5. 郑抗1号

中国农科院郑州果树研究所育成。2002年通过全国农作物品种审定委员会审定。中熟品种。全生育期100天，果实发育期30天左右。植株生长势较旺，分枝性中等，易坐果，第一朵雌花着生在主蔓第八至第十节，以后每隔4～6节再现雌花，高抗枯萎病，

图1-35　郑抗1号

可重茬种植。果实椭圆形，果形指数1.38，绿色果皮上覆有8～10条深绿色不规带，果面无蜡粉，瓤色大红，瓤质脆沙，纤维少，汁多味甜，中心含糖量11%左右。皮厚1厘米，皮硬，耐贮运。单瓜重5千克，每667平方米产量3000千克左右。种子深褐色，种子小，千粒重19.8克。

6. 美抗8号

河北省蔬菜种苗中心育成。2002年通过全国农作物品种审定委员会审定。中晚熟种，果实发育期32～35天。植株生长势强，较抗病，易坐果。果实椭圆形，浅绿色果皮上覆有深绿色条带，大红瓤，瓤质细脆，多汁味甜，品质

图1-36　美抗8号

好，中心含糖量12%左右。皮韧，耐贮运。适应性广，适于露地栽培。

7. 开杂12号（豫西瓜9号）

河南省开封市农林科学研究所育成。1999年通过河南省农作物品种审定委员会审定。2002年通过全国农作物品种审定委员会审定。中熟种，果实发育期33天，全生

育期105天。植株长势强健，抗病抗逆性强。果实椭圆形，墨绿皮上有暗条带，坚韧，耐贮运。鲜红瓤，质地紧密，脆甜可口，中心含糖量11.5%。

图1-37　开杂12号（豫西瓜9号）

坐果性适中，丰产潜力大，一般单瓜重8～10千克，每667平方米产5000千克以上。种子黑麻，每50克600粒左右。适宜长江以北地区大棚及地膜覆盖栽培，也适于南方地区大棚栽培。每667平方米种植500～600株，2蔓或3蔓整枝，第二或第三朵雌花留瓜最佳。及时翻瓜，适时采收，以保瓜皮黑亮。

8. 郑抗3号

中国农科院郑州果树研究所培育。早中熟品种，高抗枯萎病兼抗炭疽病，果实外观类似"金钟冠龙"，果肉红色，果实中心含糖量12%左右，单瓜重7～10千克，耐贮运性好，一般每667平方米产4500千克左右。对土壤的适

图1-38　郑抗3号

应性较强，丰产潜力大，需注意合理施用基肥。坐瓜前需控制肥水防止徒长，坐瓜后及时追肥浇水。定植密度每亩500～800株左右，南方多雨地区还可再适当减少株数。一般采用双蔓或三蔓整枝，选留第2或3雌花坐瓜为宜。适时采收，以免影响果实品质。

9. 开杂15号

河南省开封市农林科学研究所育成。2000年通过河南省开封市农作物品种审定委员会审定。果实发育期33天，全生育期105天。果实椭圆形，墨

图1-39　开杂15号

绿皮，坚韧，瓤红质脆，中心含糖量11.5%；坐果性好，一般单瓜重8～10千克。每667平方米产量5000千克以上。种子中型，麻褐，每50克900粒左右。适宜地膜覆盖栽培，以第三朵雌花留瓜最佳。

10. 华蜜8号

华蜜8号是安徽省天禾西甜瓜种业公司选育的抗病优质中熟品种之一，1997年通过安徽省品种审定。该品种果实发育期35天，果实椭圆形，果皮绿色覆墨绿色中齿条带，果肉鲜红色，果实中心含糖量12%，品质优。平均单瓜重约5千克，一般每667平

图1-40　华蜜8号

方米产4000千克以上，耐贮运。植株生长势强，较抗枯萎病等病害。该品种的适应性强，在江淮地区定植密度为每667平方米650～700株，一般采用三蔓整枝，选留第2或3雌花坐瓜为宜，肥水管理宜前控后促，坐瓜后重施膨瓜肥，适时采收。

（四）无籽西瓜优良品种

1. 黑密5号

中国农科院郑州果树研究所育成。2000年11月通过

图1-41　黑蜜5号

全国农作物品种审定委员会审定。属中晚熟品种。全生育期100～110天，果实发育期33～36天。植株生长势中等，第一朵雌花节位在第十五节左右。雌花间隔5～6节。果实圆球

形，果形指数1～1.05，墨绿色果皮上覆有暗宽条带，果实圆整度好，果皮较薄，在1.2厘米以下。平均单瓜重6.6千克左右，最大可达12千克以上。大红瓤，剖面均匀，纤维少，汁多味甜，质脆爽口，中心含糖量11%左右，最高可达13.6%，中边糖梯度较小，在2%～3%之间。无籽性好，白色秕籽少而小，无着色籽。果皮硬度较大，在27.2千克／平方厘米以上，耐贮运。在室温下，一般可贮存20天以上。坐果期和果实膨大期如遇低温，个别果实会出现皮厚、空心等现象。该品种适应性较强，在西南地区均可栽培。

2. 郑抗无籽1号

图1-42　郑抗无籽1号

中国农科院郑州果树研究所育成。2002年通过全国农作物品种审定委员会审定。中晚熟种，全生育期104～110天，果实发育期约39天。植株生长势强，抗病性较强，耐湿性好，易坐果，具一株多果和多次结果习性。第一朵雌花着生在主蔓第六至第八节，以后每隔5～6节再现雌花。果实短椭圆形，浅绿色果皮上覆有深绿色条带，红瓤，质脆，中心含糖量11%以上。白色秕籽中小。无着色秕籽，不空心，不倒瓤。皮厚1.2～1.3厘米，耐贮运性好。单瓜重6千克以上。每667平方米产量4000千克左右。种子千粒重65克。选留主蔓第三至第四雌花坐果。在多湿地区栽培或棚室栽培时，坐果前应适当控制生长。

3. 雪峰蜜红无籽（湘西瓜14号）

湖南省瓜类研究所育成。2000年3月通过湖南省农作物品种审定委员会审定。2002年通过全国农作物品种审定委员会审定。中熟偏早，全生育期93～95天，果实发育期33～34天。果实圆形，绿皮上覆有深绿齿条

图1-42　雪峰蜜红无籽
（湘西瓜14号）

带，外观美，红瓤，质细嫩。中心含糖量12%～13%。无籽性能好，坐果率高（单株坐果1.8个左右）。皮厚1.2厘米，耐贮运。单瓜重5～6千克。一般每667平方米产4000千克左右。植株生长势中等稍强，耐湿、抗病性强。

4. 丰乐无籽1号

图1-44　丰乐无籽1号

合肥丰乐种业公司育成。2002年通过全国农作物品种审定委员会审定。中熟种，全生育期105天左右，果实发育期33天。植株生长势稳健，易坐果，第一朵雌花着生于主蔓第六至第八节位上，以后每隔6节左右出现1朵雌花。果实为深绿皮窄齿条纹圆球形果，皮坚韧，红瓤，质脆，纤维少，中心含糖量11.5%以上，品质好。平均单瓜重7千克左右。果实外观周正，商品性好，耐贮运。

5. 郑抗无籽2号（蜜枚无籽2号）

图1-45　郑抗无籽2号
（蜜枚无籽2号）

中国农科院郑州果树研究所育成。2002年通过全国农作物品种审定委员会审定。中晚熟品种，全生育期105天，果实发育期36～40天。植株生长旺盛，抗病耐湿性较强，第一朵雌花着生在主蔓第六至第八节，以后每隔5～6节再现雄花，具有一株多果和多次结果习性。果实短椭圆形，墨绿色果皮上隐显暗条带，红瓤，质脆，中心含糖量11%～12%，不空心，不倒瓤，白色秕籽小，无着色秕籽。皮厚1.2厘米，皮硬，耐贮运。果实大，每667平方米产量4500千克左右。密植时，株行距为0.5米×1.8米，每667平方米740株，2～3蔓整枝，每株留1～2个瓜；稀植时，株行距为1米×2～3米。每667平方米200～300株，5～6蔓整枝或不整枝，每株留4～5个瓜。多湿地区栽培或棚室栽培时，坐果前应控制生长。

6. 雪峰小玉红无籽

湖南省瓜类研究所育成。2001年11月通过湖南省农作物品种审定委员会审定。2002年通过全国农作物品种审定委员会审定。早熟种。全生育期88～89天，果实发育期28～29天。生长势强，耐湿抗病。果实高圆形，绿皮上覆有深绿宽条带，外观美。皮厚0.5～0.6厘米，较耐贮运。无籽性好，品质佳，中心含糖量12.5%～13%。单瓜重1.5～3.5千克。1株可结2～3个果。一般爬地栽培每667平方米产2000～2500千克。支架栽培每667平方米产3000～3500千克。是我国首先推广应用的小果型无籽西瓜品种。

图1-46　雪峰小玉红无籽

第二篇
西瓜育苗与嫁接

一、育苗

（一）苗床设置

早春培育瓜苗，必须采取防寒、保温或加温苗床育苗。目前生产上普遍应用大棚和小拱棚覆盖等来设置苗床。苗床要选择在背风、向阳、受光良好的地方，同时要考虑到用电、用水、管理、移栽运输是否方便。建床在一般情况下，每平方米床面可育苗100株左右。苗床宽以1.2～1.5米为宜，长度可根据育苗的数量来定，一般为10～15米。

1. 拱型冷床

用竹片作拱架，覆盖2米宽的农用薄膜，一边用泥封实，另一边用砖块压，以利通风。

2. 酿热温床

在拱型冷床底部，挖深12～16厘米的孔，内垫

图2-1　西瓜苗床

约10厘米的酿热物，通过微生物分解有机质释放能量来提高苗床温度。

3. 电热温床

将电热线铺设在苗床上，通过电热线加热，再通过自动控温仪来调节苗床温度，使苗床内幼苗保持生长所需的

土温。

（二）床土准备

营养土配制总的要求是：土壤肥沃、疏松、保水保肥；无病菌、虫卵、杂草种子；无砖石和废塑料等。有机肥要充分腐熟、粉碎。营养土地应在一年前准备好，原料可用园土、稻田表土、风化河塘泥土、草炭泥、草木灰、人粪尿、厩肥等，再加过磷酸钙及少量尿素、硫酸钾等进行堆制。然后进行消毒处理。

（三）种子处理、催芽播种

1. 选种

选定品种后，对种子进行挑选，要求籽粒大小均匀，纯正饱满，无霉变、无残破的种子。

图2-2 选种

2. 晒种

在浸种前暴晒1～2天，每天晒3～4小时，以提高发芽率。

3. 种子消毒

常用物理、化学两种方法，可以预防一些病害的发生。

（1）常用55～60℃恒温水进行烫种，约15～20分钟。

（2）药剂处理

常用50%福尔马林100倍液浸种30分钟；或用50%多菌灵500倍液浸种60分钟，或用50%代森铵500倍液浸种30～60分钟，可预防苗期病害的发生。

图2-3　药剂处理

4. 浸种

西瓜种子一般用温汤浸种约需2小时，冷水浸种约需4～6小时。

5. 催芽

种子经消毒、浸种后，再用清水反复冲净黏液和药液。在28～30℃下进行催芽，种子露白，以芽长3～5毫米为宜。

6. 播种

苗床应进行药剂处理，营养钵应提前2天灌入营养土。一般采用点播。早春育苗应抢晴天播种，采用地膜覆盖育苗。

二、西瓜的嫁接技术

（一）砧木种类

1. 超丰F1

由中国农业科学院郑州果树研究所。该品种幼苗下胚轴不易徒长、短而粗壮，嫁接亲和性好，成活率高；嫁接幼苗在低温下生长快，坐果早而稳。超丰F1能促进西瓜早熟、提高西瓜产量，对西瓜品质无不良影响。

2. 京欣砧一号

北京市农林科学院蔬菜中心选育，属瓠瓜与葫芦杂交种。嫁接亲和力强，成活率高。种子黄褐色，表面有裂刻，较其他砧木种子籽粒明显偏大，千粒重150g左右。种皮硬，发芽整齐，发芽势好，出苗壮，下胚轴较短粗且硬，实秆不易空心，不易徒长，便于嫁接。嫁接苗植株生长稳健，株系发达，吸肥力强，耐低温，抗枯萎病，叶部病害轻，后期耐高温抗早衰，生理性急性凋萎病发生少，对果实品质无不良的影响。适宜早春和夏秋高温栽培。

3. 京欣砧二号

北京市农林科学院蔬菜中心选育，属印度南瓜与中国南瓜杂交种。嫁接亲和力强，成活率高。种子纯白色，千粒重150～160克左右，发芽容易，且整齐，发芽势好，出苗壮。嫁接苗结合面致密，在低温弱光下生长强健，株系发达，高抗枯萎病，叶部病害轻，后期耐高温抗早衰，生理性急性凋萎病发生少，对果实品质影响小。适宜早春和夏秋栽培。

4. 长瓠瓜

长瓠瓜又称瓠子、扁蒲，各地均有栽培。其茎蔓生长旺盛，根系发达，吸肥力强。与西瓜嫁接亲和性好，植株生长健壮，无发育不良植株；抗枯萎病能力强；根部耐湿性和耐低温性比西瓜好；坐果稳定，对果实品质无不良影响。

5. 勇士

台湾农友种苗公司于1984年利用非洲野生西瓜育成的杂交一代西瓜专用砧木。勇士嫁接西瓜，抗枯萎病，生长强健，耐低温，嫁接亲和力好，坐果稳定，果实品质与风味和自根西瓜完全相同。但嫁接苗定植后初期生育较缓慢，进入开花坐果期生育旺盛。

6. 新土佐

是印度南瓜与中国南瓜杂交一代种，做西瓜嫁接砧木，嫁接亲和性和共生亲和性好，幼苗低温下生长势强，抗枯萎病，能促进早熟，提高产量，对果实品质无明显不良影响。但与四倍体和三倍体表现亲和性差。

（二）嫁接方法

1. 插接法

又称顶插法。这种方法操作简单，成活率高，使用最普遍。可将砧木从苗床拔出在室内进行，也可直接在苗床就地进行。插接不需捆扎，能节约用工用线，但技术要求较高。插接的工具只需一根竹签，一块刀片。嫁接时先将砧木生长点去掉，以左手的食指与拇指轻轻夹住砧木的子叶节，右手持小竹签在平行于子叶方向斜向插入，即自食指处向拇指方向插，以竹签的尖端正好到达拇指处为度，竹签暂不拔出。接着将西瓜苗垂直于子叶方向下方约1厘米处胚轴斜削一刀，削面长1.0～1.5厘米左右，称大斜面，另一方只需去掉一薄层表皮，称小斜面。拔出插在砧木内的竹签，立即将削好的西瓜接穗插入砧木，使大斜面向下与砧木插口斜面紧密相接。插接方法简单，只要砧木苗下胚轴粗壮，接穗插入较深，成活率就高，是目前生产上用得较多的一种嫁接方法。插接法砧木较西瓜接穗提前播种7天，当砧木子叶出土后，即可接穗西瓜催芽播种，待西瓜苗子叶展开即为嫁接适期。采取苗床就地嫁接的，播种时种子排列成行，出苗后子叶展开的方向与苗床平行，嫁接时操作方便，在室内嫁接的则应用营养钵培育砧木苗。

2. 靠接法

又称舌接法。也是目前嫁接中常用的方法。接穗西瓜应较砧木提前5～7天播种于砂质土为主的育苗盘中，使接穗大小、胚轴粗细与砧木相近。以砧木、接穗子叶平展刚破心时为嫁接适期。也可将接穗和砧木播种于同一营养钵内，嫁接时就不用起苗，成活率更高，但两株苗的距离一定要很近。在砧木和接穗的子叶下部茎端处，用单面剃须刀分别向上、向下作一个45°的斜向切口，长度约1厘米。使砧木与接穗的切口镶嵌结合在一起，然后用0.2～0.3厘米宽的塑料带包2～3道扎紧或用专用的塑料夹夹住即可。嫁接后，把接穗砧木同时栽入营养钵中相距约1厘米，以便成活后切除接穗的根，接口距土面约3厘米，避免发自生根。7天接口愈合，将接穗苗的根切断；10～15天后应及时解除塑料布条。如果在同一营养钵播种砧木和接穗，通过不同播期和不同种子的处理方法，使砧木和接穗都成理想嫁接时期。比如用葫芦作砧木，则西瓜种子进行温汤浸种和催芽，葫芦播干种子，葫芦种子出苗稍迟但它长得快，待两苗高度一致时，即可嫁接。该法接口愈合好，成苗长势旺，因接穗带自根，管理方便，成活率高，但操作麻烦，工效低。

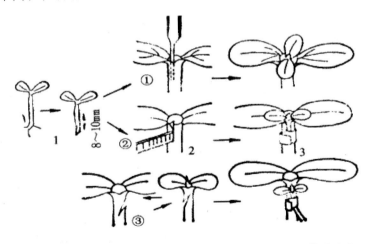

1.接穗　2.砧木　3.嫁接苗　①插接法　②靠接法　③劈接法
图2-4　插接法、靠接法和劈接法的操作流程图

3. 劈接法

多数接穗苗的茎比较粗壮，几乎与砧木相同粗度时，应采用劈接法。砧木的苗龄应稍大一些。取健壮的砧木苗，除去其生长点，将其茎轴一侧用刀片自上而下切1.0～1.5厘米的切口，不能伤及子叶，不能两侧都切，否则子叶下垂，很难成活。接穗削成楔状，斜面长1.0～1.5厘米。将接穗插入切口，用0.5厘米宽的塑料带绑扎，把整个伤口绑住，以防水分蒸发。该法接穗不带自根，若嫁接初期管理粗放，成活率低，且费工费时，很少采用。

（三）嫁接时应该注意的问题

西瓜嫁接的成活率除受砧穗亲和力的影响外，操作技术是重要的决定因素，同样的砧穗组合，同样的环境条件，常因不同人的操作，成活率有很大的差异。一般应注意以下四方面的问题：

图2-5　西瓜嫁接

1. 嫁接切口应保持清洁整齐

要选用锋利的刀片，一刀成形，并保持刀口的清洁整齐，做到嫁接切面相紧贴，便于养分和水分的交流，促进愈合和成活。

2. 砧木和接穗粗细应相配

一般要求二者粗细大体一致，便于相互紧密结合及养分水分的上下交流。所谓粗细一致因不同的嫁接方法而含义不同。插接法，接穗比砧木稍细一点；靠接法，则要求砧木和接穗粗细基本一样。另外，南瓜砧木易形成空腔，应在子叶刚展开到一片真叶半展开期就开始嫁接。葫芦在一片真叶展开时嫁接易成活。

3. 选择合适的嫁接部位

靠接时，一般选在光滑整洁的上部1/3处，这样便于栽植和成活。

4. 包扎好接口

包扎好接口时必须认真细致，耐心操作，不要使接口错位，不要夹入泥土和其他杂物，适当扣扎紧，使接口结合紧密，促进接口愈合。

（四）嫁接苗的管理

为了防止接穗的萎蔫，促进接口的愈合，提高成活率，必须创造适宜的环境条件。

1. 嫁接苗不要接受阳光直射

苗床须遮阴，但能采入弱散射光。经2～3天后，可照射早晚的弱直射光，然后逐步加大光照。1周后只在中午遮光，10天后全天不用遮光。同时，还要注意避风。

图2-6　嫁接苗的管理

2. 嫁接后要及时栽苗

拔起接穗进行嫁接时，若放置在15℃左右的阴凉处，可以保存短暂的时间，不宜超过半小时。批量嫁接时，最好有多人分工协作，一部分嫁接，一部分进行栽植。

3. 保持苗床适宜的温度

刚嫁接后，白天保持26～28℃，夜间24～25℃，1周后，增加通风时间和次数，适当降低温度，白天不低于23～24℃，夜间18～20℃。定植前1周应让瓜苗逐步得到锻炼，晴天白天可全部打开覆盖物，夜间仍需要覆盖保温。

4. 保持适宜的苗床湿度

嫁接后，使接穗的水分蒸发控制到最低程度。砧木营养钵水分充足、密封，能使空气湿度达100%饱和状态。3～4天后，在清晨和傍晚适当换风，减少病害的发生。随后逐步加大通气量。10天后恢复到一般苗管理。

5. 及时除去砧木的萌芽

砧木子叶间长出的腋芽及时抹除，但不可伤及砧木子叶。另外，注意防病治病。

（五）嫁接苗定植应注意的问题

嫁接苗定植，除掌握一般苗移栽技术，还应注意如下几点：

1. 不能栽植过深

过深使接口接触土壤而产生自生根，枯萎病菌就有可能侵染植株，使嫁接失去作用。如已发生自生根应及时切断，并把周围的土壤扒离接口，使接口裸露在地面之上，防止再次发生自生根。

2. 嫁接苗栽培的西瓜不能埋土压蔓

否则使西瓜压的蔓节上长出自生根，又会产生感染枯萎病菌的可能。一般采用畦面铺草的方法固定瓜蔓，尽量防止瓜蔓与土壤的接触。

3. 要及时除掉砧木芽

有些砧木很容易萌发枝芽，消耗养分，应及时除去。

4. 适当控制肥水

嫁接苗的砧木一般具有很强的吸肥能力。可适当减少基肥，能防止徒长，并能降低成本。一般南瓜砧木可减少40%，葫芦可减少30%。

第三篇
西瓜设施栽培技术

一、小棚双膜覆盖栽培

小棚双膜覆盖栽培是目前西瓜生产上应用最广，面积也最大的一种栽培方式。是指在栽植畦上覆盖一层地膜，然后在畦面上插拱架覆盖农膜的一种栽培方式。因具有地膜和天膜的双重覆盖作用，增温效果较好，且结构简单，取材方便，成本低，早熟效果十分明显。据各地种植，可提前到6月上旬成熟上市，较露地栽培提前15天以上，产值增加1倍以上。

图3-1　西瓜棚型和结构

（一）棚型和结构

小棚双膜覆盖是由地膜和小拱棚两部分组成，地膜可用0.014毫米厚的地膜覆盖，拱架用毛竹片、柳条、钢管等，其上覆盖0.05～0.08毫米透明农用薄膜，四周压实，膜外用绳固定防风。小拱棚多数为南北走向，棚高50～70厘米，跨度种植行数、整畦模式有关，长20～30米。

（二）小拱棚的性能

双膜覆盖唯一的能量来自阳光，棚内气温随着外界气温的变化而变化，加之棚体较小，棚温变化剧烈。一般情况下，增温能力为3~6℃。晴天增温显著，最大增温值15~20℃，所以，在晴天中午容易引起高温危害；而在阴天、低温或夜间，棚温仅比外界高1~3℃，遇到寒流极易发生冻害。棚内地温随着棚内气温的变化而变化，但地温的变化比较平稳，特别是在覆盖地膜后，棚内地温比同期露地高6~8℃。

（三）栽培管理技术

1. 品种选择

小棚双膜覆盖栽培应选择早熟、抗病、耐湿、耐低温寡照；雌花着生节位在7节以下，果实发育期30天左右；生长势中等，对肥水条件反应不太敏感，避免徒长；果实的采收期要求不太严格；适当提早采摘不至于影响果实的品质。

2. 早播种育大苗

提前在保温条件下培育壮苗，适宜苗龄为30~35天，具有3~4片真叶，育苗时应采用营养钵或纸钵等容器。

3. 选地

应选背风向阳、地势高燥、土层深厚、肥沃疏松、排灌方便的砂质壤土。砂土容易漏肥水，应加强中后期肥水管理；黏土地加强冬前深翻，增施有机肥。瓜地忌连作，注意轮作，一般旱地轮作期为8年，水旱轮作6年，水田轮作为4年，前茬作物以水稻、小麦、油菜等为易。

4. 整地、施肥

应在冬前深耕20~25厘米，进行晒垡和加深熟化土壤，开春后进行土壤耙平、打细、施基肥做畦做垄，应做到深沟相通，瓜地不应积水。基肥应以有机肥为主，加适量的速效性化肥，施肥方法有三，可因地制宜采用。第一种全园撒施、耕翻入土混匀。第二种沿瓜行开沟集中施肥，70%施于20厘米以上的熟土层。第三种将全部有机肥与部分化肥全园撒施，耕翻混入土壤，沿瓜行开约30厘米深的施肥沟集中施剩余的化肥。每667平方米可施有机肥1000千克，二铵20～30千克，硫酸钾30千克。

5. 整畦

（1）宽高畦

畦面宽3.2～3.6米，畦沟宽30厘米左右，瓜苗栽在瓜畦的两边，瓜苗伸蔓后，两行瓜蔓向畦内对爬。小拱棚扣盖于两相邻瓜行上，一棚可覆盖两行瓜苗。

（2）低畦

低畦由浇水畦和爬蔓畦两部分构成。浇水畦宽50厘米左右，每畦栽2行瓜苗，伸蔓后分别向相反的方向爬。爬蔓畦位于浇水畦的两侧，畦宽1.5～1.8米。小拱棚扣盖在浇水畦上，一棚可覆盖两行瓜苗。

图3-2　整畦

（3）垄畦

垄畦由垄背、浇水沟和爬蔓畦三部分构成。垄背也叫

53

瓜行畦，一般宽30～50厘米，上栽2行瓜苗。伸蔓后，相邻两行瓜蔓分别伸向相反的方向；浇水沟开于垄背两侧，宽25～30厘米；爬蔓畦位于浇水沟外，宽1.3～1.5米。小拱棚扣盖在瓜行畦上，一棚可覆盖单行或两行瓜苗。

6. 覆地膜、扣拱膜和定植

定植前至少提前7～10天盖好地膜和小拱棚进行提高地温的处理。当拱棚内气温稳定在5℃以上，地温在12℃以上时为安全期。在早春气温不稳定，常年出现回寒现象的地区，应避开最后一次强寒流，当外界气温在10℃以上时定植。定植时应在晴天进行。

7. 扣棚温度管理

棚温管理以保温促进生育为原则，定植后5天内密封不通风，以提高气温和地温，促进缓苗。此后随天气变暖，棚温升高，应逐渐通风，棚温应控制在30～35℃，夜间保持15℃以上，不低于12℃，如遇寒流应加盖草苫保暖防寒。开始通风时，应在背风一端揭开，随着温度的上升，两端开启，有大风天气只在一端开启。当两端通风棚温不能下降时，间隔一定距离揭开底膜通风，通风量应根据气温的变化，掌握由小到大、时间逐长、变换开口位置等原则。

8. 植株管理

（1）及时整枝、合理置蔓

整枝方式主要采用双蔓整枝，采用高密植（1000株以上）应单蔓整枝。尽量保证结瓜部位在棚的中间。坐瓜后要经常剪除弱枝、老叶，以增加通风透光。

（2）提早留瓜、人工授粉

以主蔓第二雌花结瓜为主；采用人工辅助授粉，提高坐瓜率。

（3）肥水管理

双膜覆盖前期以保温为主，水分蒸发量较少，一般不浇水，如底水不足，发现旱情可在坐果前浇一次小水，以促进生长。拆棚或引蔓出棚前施1次肥，一般开浅沟距根60厘米处，每667平方米用腐熟饼肥45千克，复合肥15千克。如拆棚时植株尚未坐瓜，则应在坐瓜后再施膨瓜肥。

（4）瓜果管理

瓜成熟后期，应盖草护瓜，防日灼病；为防止病害和畸形瓜，应加强病虫害防治以及垫瓜、翻瓜等措施。

9. 选留二茬瓜

小拱棚西瓜由于成熟期提早，在第一茬瓜采收后，气候条件仍较适宜西瓜的生长发育，因此可以选留二茬瓜。若想获得较高的二茬瓜产量，必须具备以下几个条件：一是头茬瓜熟期必须早。二茬瓜应赶在炎热多雨的季节前成熟，否则二茬瓜产量将受影响。二是防止瓜秧茎叶损伤。一方面是要加强病虫害的防治工作，另一方面是不要造成人为的损伤，在采收头茬瓜时，田间作业一定要小心。三是加强肥水管理。

选留二茬瓜的具体方法是：在头茬瓜基本定个时（约在采收前7~10天），在西瓜植株未坐果的侧蔓上选留一朵雌花坐瓜。若头茬瓜坐在侧蔓上，那么二茬瓜可在主蔓上选留。

二、塑料大棚栽培

大棚是在中棚、小拱棚双膜覆盖的基础上发展而来。由于棚体较大，结构完善，空间增大，其保温和采光性能更为优越，要比露地西瓜提早2个月上市，比中、小棚双膜覆盖提早30～50天上市，大大提高早熟性和经济效益。

（一）大棚的种类

装配式镀锌钢管大棚，跨度有4米、6米，长度20～30米；竹木结构大棚是用木材、毛竹做拱架，跨度4～6米，长度20～30米，因其取材易，造价低，一般可使用2～3年，为了降低生产成本，可用1∶1或1∶2的竹片和钢管搭成混架大棚。

图3-3　西瓜棚

（二）大棚的主要配套材料

覆盖材料有：普通膜、多功能长寿膜、压膜带、遮阳网、草苫等。灌肥溉水材料有：普通滴灌带、渗灌管、微滴系统、简易滴灌施肥器、水泵等。可根据实际情况选择。

（三）大棚性能

大棚具有良好的采光、增温、保温、保墒效应，能有效地克服阴雨不良天气的影响，为早春西瓜生产创造适宜的环境条件，是当前较为理想的早熟栽培设施。一般3月下旬以后，棚内的最高温度可达15～38℃，阴天棚内温度比外温高6～8℃，最低温度高于外界2～5℃，3月中旬土温比外界高5～6℃，4月比外界高6～7℃。此外大棚空间大，可采用多层覆盖保温，采光效能好，昼夜温差大，适于西瓜生长发育；由于空间大，操作管理方便，并可采取立架栽培，增加栽植密度，提高前期产量。

（四）栽培管理技术

1. 栽培季节

大棚无加温设施的，栽培季节以早春为主。通常在当地终霜期前25～30天，大棚内土壤温度在15～18℃，最低气温5～8℃时即可定植大苗。

2. 选择品种

大多选用早熟或中早熟品种，以提早结瓜、上市。但由于西瓜早熟品种的单瓜较轻、且大多不耐运输，故在不少地方，已开始用中晚熟西瓜品种进行大棚西瓜栽培，以利用中晚熟品种产量高、耐运输等优点提高产量和收入。就具体选择西瓜品种而言，还应根据当地的市场需求、西瓜的外销量等综合考虑。此外，大棚栽培时还可适当种植一些档次较高的"新、奇、特"品种来调节市场，提高经济效益。

3. 大棚栽培常用模式

（1）双膜栽培模式

地面有一层地膜，棚上有一层棚膜的模式，也是最基本的大棚栽培模式。为了减低棚内湿度，防除杂草，减少病害，还可把棚内地面全部用地膜或农膜覆盖起来，这种模式叫大棚双膜全覆盖栽培。

（2）三膜栽培模式

在以上（1）模式的基础上，在瓜行上面再加盖一层小拱棚，大棚的升温和保温效果会更好。

（3）三膜一苫栽培模式

在以上（2）模式的基础上，在小拱棚上面再加一层草苫保温，大棚的升温和保温效果可达到最佳水平，早熟效果最好，这种模式在华北地区常用。

4. 整地做畦

大棚西瓜由于种植密度大、产量高，因此要求精细整地，施足底肥。若是冬闲棚，则应在冬前深耕25厘米，进行冻垡。定植前先施基肥，基肥以有机肥为主，配合适量化肥，一般每667平方米施优质厩肥5000千克，或优质腐熟鸡粪2000千克，配合施入硫酸钾15～20千克，过磷酸钙50千克，腐熟饼肥100千克。基肥量的一半结合翻地全园施用，另一半施入瓜沟中，灌水后整地做畦。若利用冬菜或早春育苗的棚时，应在定植前10天清园，深耕晾垡，撒施基肥，进行整地。

为了节省地膜、小拱棚和草苫用量，大棚西瓜畦最好做成宽畦，采用大小行定植，棚内可采用一膜覆盖两行的办法。

大棚宜在定植前半个月建好。采用"大棚+小棚""大棚+小棚+草苫"栽培模式，应在定植前5～7天把小棚建好，并盖上小棚的棚膜和地膜，以提高地温，定植时揭开小棚的棚膜栽苗。

5. 播种期

塑料大棚栽培一般采用日光温室内的温床育苗，也可在定植西瓜的大棚内育苗。育苗期要根据大棚西瓜的栽培模式和品种选用情况确定。一般讲，采取双膜大棚保护栽培模式时，大棚的保温能力有限，可较当地露地西瓜的育苗期提早40天左右；如果采取"大棚+小拱棚＋地膜"三膜保护栽培形式，育苗期可提早50天左右；如果采取"大棚+小拱棚+地膜＋草苫"三膜一苫栽培模式时，育苗期可提早60天左右。早熟品种可适当晚播种，中、晚熟品种或嫁接栽培适当提早。

当幼苗的苗龄达到30～40天，生长有4～5片真叶的大苗时才可定植。

6. 定植

（1）定植时间

当大棚内的平均气温稳定在15℃以上，凌晨最低气温不低于5℃，10厘米深处的地温稳定在12℃以上时即可定植。云南大部分地区全年都可定植。

（2）定植密度

大棚西瓜生长快，瓜秧较大，瓜田封垄早，西瓜的种植密度不要太大。一般采取双蔓或三蔓整枝栽培时，早熟品种以667平方米1000株左右为宜，中晚熟品种以500～800株为宜。

（3）定植方法

定植前5～7天先盖好地膜，以增温保墒。定植时确定好株距后，在栽苗部位打孔，然后栽苗、浇水、覆土。定植深度以营养土坨的表面基本与畦面相平为好，若幼苗下胚轴较高，则定植深度可稍深。定植后，大棚内应全园覆盖地膜，一方面可提高地温，保持土壤水分，另一方面可降低棚内湿度，减轻大棚内病害草害的发生。一般上午定植，下午扣小拱棚，以迅速提高棚内温度。

（4）大棚定植时应注意的问题

第一应该把瓜苗按大小分区定植。由于大棚中部的温度高，有利于瓜苗的生长，要把小苗和弱苗栽到大棚的中部，大苗和壮苗要栽到温度偏低的边部，以利于整棚瓜苗的整齐生长。第二要保护好幼苗的根系。由于大棚西瓜多用大苗定植，定植时容易伤根，根系一旦受到损伤就不易再生，因此在起苗、运苗和栽苗的过程中要轻拿轻放，防止营养土坨破碎。第三应选择连续晴天早期的上午定植，以利于缓苗。

7. 整枝压蔓、适时授粉

大棚内由于栽培密度大，应严格进行整枝和打杈。早熟品种一般采用双蔓整枝，中晚熟品种一般采用双蔓整枝或三蔓整枝。坐果后的瓜杈视瓜秧长势是否去除。若瓜秧长势较旺，叶蔓拥挤，则应少留瓜杈；若不影响棚内的通风透光，坐果部位以上的瓜杈则可适当多留，也可在坐果部位以上留15片叶打顶（摘心）。大棚西瓜一般不会发生风害，西瓜压蔓主要是为了使瓜蔓均匀分布，防止互相缠绕。压蔓时用"Λ"形树枝或铁丝进行压蔓。

由于棚内没有授粉昆虫活动，必须进行人工辅助授粉才能确保坐果。授粉时应注意雌花开放时间，及早进行，花粉量要充足，花粉在柱头上涂抹均匀。

8. 棚内温、湿度、光、气管理

（1）温度

根据不同生育期及天气情况，采取分段管理办法：缓苗期要保持较高的棚温，一般白天温度保持在30℃左右，夜间温度保持在15℃左右，最低不低于8℃，温度再低时要增加保温措施；伸蔓期后棚温要相对降低，一般白天气温控制在22～25℃，夜间气温控制在10℃以上；开花坐果阶段，棚温要相应提高，白天温度保持在30℃左右，夜间温度不低于15℃，否则将引起坐瓜不良；果实膨大期外界气温已经升高，此期棚内的温度有时会升得很高，要适时放风降温，把棚内气温控制在35℃以下，但夜间仍要保持在18℃以上，否则不利于西瓜膨大，引起果实畸形。

①大棚保温措施

大棚封闭要严密，避免漏风。大棚上、下幅膜间的叠压缝要宽，要求不少于15厘米，并且叠压要紧密；棚膜出现孔洞、裂口时要及时补好，补膜可用透明胶带从膜洞的两面把口贴住，也可用电熨斗法把破口补住；棚内进行多层覆盖。大棚内进行的多层覆盖主要有加盖小拱棚和加盖草苫等。在大棚内加盖小拱棚，可使温度提高2～3℃，加盖一层厚3厘米左右的草苫，可使小拱棚内的温度提高5℃以上。

②大棚增温措施

主要有：一是点火盆。就是把烧透烧红了的火炭放入火盆内，把火盆均匀排放到大棚内或端着火盆在棚内来回走动，使棚温升高。用火盆加温时热量容易控制，不会烧伤瓜秧和烤坏棚膜。二是点火炉。在大棚内支炉点火，使大棚增温。该法因设有烟道，不易发生烟害，加温幅度也易于控制，加温效果较好。

③大棚的降温措施

常用的降温措施有：一是通风。通风是降低大棚温度最常用的方法，通风时应先扒开大棚上部的通风口，如果仅靠上部的通风口降不下温度时，再扒开腰部的通风口。二是遮阴。进入夏季后，棚温进入一年中的最高时期，此期只靠通风往往难以使棚温降到西瓜正常生长的温度范围内，必须借助遮阴来降低棚温。大棚遮阴常用的方法是向棚面上喷洒白石灰水，利用白灰的反光作用，减少大棚的透光量，或棚膜上加盖遮阳网以达到降温的目的。

（2）湿度

大棚西瓜生育适宜空气湿度白天维持在55%～65%，夜间维持在75%～85%。湿度过高是影响正常生长和增加发病的主要环境因素之一。应采取降低空气湿度的管理，如地膜覆盖、前期控制浇水、中后期加强通风等。

（3）光照

建棚时应尽量减少立柱，选用耐低温防老化的长寿无滴膜，保持薄膜清洁；大棚套小拱棚的光、温管理要协调。此外，植株的下部老叶及时剪除；适当通风排气，以改善植株的光照。当早春或阴雨天棚内光强过低时，也可考虑增设人工辅助光源或装反光板，以保证西瓜叶片的光合作用需要。

（4）气体

大棚内的气体成分主要有二氧化碳和有毒气体（氨气、亚硫酸气）等。气体管理主要目的是排出有害气体，增加二氧化碳。主要措施有：通风换气，并经常同排湿、降温结合一起进行，还可人为地进行二氧化碳施肥。

人工补充棚内二氧化碳气体有以下几种方法：一是可在棚内堆积新鲜的马粪，在马粪发酵过程中可释放二氧化碳气体，一般按每立方米空间堆5~6千克，即可满足需要。二是可根据条件购置各种类型的二氧化碳发生器，有炉子燃烧型发生器，也有化学反应型发生器。三是可在棚内四角置耐腐蚀的陶瓷容器，加入浓盐酸后再放进少量碳酸钙（石灰石），两者发生反应后可产生二氧化碳，操作时需小心防护，避免酸液伤害。

9. 肥水管理

（1）追肥

大棚内温度高、湿度大，有利于土壤微生物的活动，土壤中养分转化快，前期养分供应充足，后期易出现脱肥现象，所以，追肥重点应放在西瓜生长的中后期。开花坐瓜期可根据瓜秧的生长情况，叶面喷2次0.2%磷酸二氢钾溶液，有利于提高坐瓜率。坐瓜后及时追肥，结合浇水，每667平方米冲施复合肥30千克左右，或尿素20千克，硫酸钾15千克。果实膨大盛期再随浇水冲施肥1次，每667平方米冲施尿素10～15千克，保秧防衰，为结二茬瓜打下基础。在头茬瓜采收、二茬瓜坐瓜后，结合浇水再冲施肥一次，每667平方米冲施尿素10～15千克、硫酸钾5～10千克，同时叶面追肥1～2次。

（2）浇水

一般缓苗后，浇1次缓苗水，之后如果土壤墒情较好，土壤的保水能力也较强时，到坐瓜前应停止浇水，以促进瓜秧根系的深扎，及早坐瓜；如果土壤墒情不好，土壤的保水能力又差时，应在瓜蔓（主蔓）长到30～40厘米长时，轻浇1次水，以防坐瓜期缺水。幼瓜坐稳进入膨瓜期后，要及时浇膨瓜水，膨瓜水一般浇2～3次，每次的浇水量要大。西瓜"定个"后，停止浇水，促进果实成熟，提高产量。二茬瓜坐瓜后要及时浇水，收瓜前一周停止浇水。

三、夏秋露地栽培

西瓜夏秋露地栽培的西瓜生育期较短，前期高温高湿，昼夜温差小，后期常遇低温阴雨天气，天气条件多变，对品种的要求严格，栽培时宜选用优质、高产，耐高温高湿、雌花分化好、易坐果，果皮较韧、耐贮运和抗病性强的早熟或中熟品种。

（一）整地做畦

1. 做畦

夏秋栽培的西瓜不仅要考虑到前期的排涝，还要考虑到干旱时能及时灌水，除注意选择地势高燥、土质肥沃、排灌方便的地块外，还必须采用起垄或开沟栽培。栽培的形式主要有以下几种：①单行栽培。宜采用小高垄栽培，一般垄高15～20厘米，垄底宽50厘米。株行距可采用0.5×1.5米或0.4×1.7米。②双行栽培。宜采用窄高畦，畦高15～20厘米，上宽50厘米，下宽60～80厘米，一般株行距0.5×3米或0.4×3.5米，两行西瓜分别向相反方向爬蔓。③宽高畦栽培。畦宽3.5～4.0米，畦间有水沟，深15～20厘米、宽0.3～0.5米，沟两边各栽1行西瓜，株距0.4～0.5米，分别朝相反方向爬蔓。

2. 土壤消毒

夏秋栽培的西瓜适逢各种病虫害的多发期，如枯萎病、炭疽病、病毒病、根结线虫等易发生和流行。其中枯萎病、根结线虫均为土壤传播的病虫害，一旦发病，地上部防治很难奏效，最简便、有效的办法就是进行土壤消毒。土壤消毒一般在播种或定植前处理，也可结合土壤耕翻时进行。

防止西瓜枯萎病土壤消毒常用的药剂有：50%的福美双可湿性粉剂，瓜田撒施每667平方米用量1千克左右；50%的多菌灵可湿性粉剂400～600倍液或70%的甲基托布津600倍液灌穴或喷洒种植行土壤，也可以1∶100的药、土比例配成药土，每667平方米用药量1～1.5千克，施入定植穴内或播种穴周围。防治根结线虫土壤消毒常用的药剂有：10%克线磷颗粒剂，每667平方米撒施2～4千克；20%丙线磷颗粒剂，每667平方米撒施1.3～1.8千克。

（二）直播保苗

1. 播期选择

西瓜夏秋栽培的前期气温较高，瓜苗生长发育的速度很快，从播种到开花坐果仅需30～40天，果实发育约需30天，全生育期70～80天。后期随着温度的下降，其生长发育的速度渐缓，若栽培过晚，低温会影响其果实发育，产量和品质也随之降低。因此，在播期上应根据作物茬口、气候和西瓜上市供应的时间来综合考虑，云南省全年播种均宜。

2. 播种和出苗期管理

影响西瓜夏秋栽培出苗的主要因素是温度高和湿度小，为了防止幼苗出土时的高温失水或灼伤，播种时还必须进行地膜覆盖。地膜的种类可选用银灰色或黑色，采用白色地膜时必须进行盖草或覆土遮阳降温。出苗后要及时进行掏苗、间苗、补苗、还要清除幼苗周围的杂草，如果长时间干旱，还应在植株一侧15厘米处开沟浇水，并结合浇水施入少量速效化肥，同时，注意蚜虫预防和防治。

（三）育苗定植

1. 育苗

宜采用小高畦营养钵育苗，覆盖尼龙纱网育苗效果最好，这样可有效地防水、防暴雨、防虫害和适当遮阳。或单独采用小高畦营养钵育苗，不覆盖，晴天勤浇水，雨天及时防雨覆盖也可。育苗畦应建在地势高燥、通风透光良好的地方，建苗床时先筑一高15厘米、宽1.5米左右的小高畦，在其上排放营养钵。浇透水播种后，覆土厚度

1.5厘米左右，盖上地膜，覆土或草苫遮阴即可。因为采用育苗移栽，幼苗有一定的缓苗期，故播期宜比直播早5~7天。出苗后要及时除去覆盖物，适当浇水，并保持经常浇水。

2. 定植期

定植适宜苗龄是15天左右，定植时以幼苗3叶1心为宜。夏秋西瓜栽培期间雨水较多，容易造成土壤养分的大量流失，形成土壤表层板结，通透性不良，同时也会导致各种土传病虫害的严重发生，对西瓜的生长发育极为不利。因此，夏秋栽培在定植时一定要覆盖地膜进行保护，地膜的种类可选用银灰色或黑色，这样既可提温保墒，又能驱蚜防病。

（四）田间管理

1. 追肥

夏秋栽培西瓜的生育期短，对肥料要求集中，因此基肥和追肥的施用均要以速效肥料为主，氮、磷、钾肥适当配合，足量供应。基肥一般于整地时施用，每667平方米施腐熟的饼肥75~100千克，过磷酸钙30~40千克，或氮、磷、钾复合肥40~50千克。

植株伸蔓以后，需肥量增加，结合中耕追施伸蔓肥，每667平方米施腐熟饼肥30~40千克，尿素5~7.5千克，或三元素复合肥15~20千克，这是一次关键性的追肥。

伸蔓后期至坐果以前少施追肥，尤其要控制氮肥的施用量，适量追施磷、钾肥或叶面喷施磷酸二氢钾，以利坐果和防止植株徒长。

当幼果坐稳，长至鸡蛋大小时，要及时追施膨瓜肥。每667平方米追施磷酸二铵15～20千克、硫酸钾5～7.5千克，或三元复合肥20～25千克、尿素10千克。还可结合防治病虫喷洒0.2%～0.3%的磷酸二氢钾以提高品质。

2. 浇水

夏秋栽培西瓜生长期间常遇高温干旱，而植株蒸腾量大，为减少高温干旱的影响，应注意及时灌溉，特别是在坐果期和果实膨大期，对水分反应十分敏感，如果缺水则会造成子房脱落，瓜个小，产量低，品质差。干旱缺水时瓜蔓表现为先端嫩叶变小，叶色变为灰绿色，中午叶片萎蔫下垂。生长前期缺水还容易诱发病毒病，使植株失去坐果能力。因此一旦出现缺水症状时，应及时浇水，保证植株正常生长。前期温度较高时，浇水宜在早晨和傍晚进行，浇水量以离垄面5～8厘米为宜，浇后多余的水应立即排除，以保持畦面干燥，切忌大水漫灌。进入果实膨大期后，气温渐低，浇水宜在中午前后进行，水量不宜过大，可以小水勤浇。

3. 整枝打杈

夏秋西瓜栽培以采用2～3蔓整枝法为好，即每株只保留主蔓和主蔓基部1～2条健壮的侧蔓。在西瓜植株生长的前期，即从团棵到坐果前这段时间，正处在高温高湿的条件下，植株茎叶生长旺盛，易发生徒长，侧枝大量萌生，因此整枝后，主蔓和所保留的侧蔓上叶腋内萌发的枝杈应及时打掉，保持田间适宜的群体营养面积，改善通风透光条件，控制植株营养生长，以保证坐果。夏秋栽培的后期，也就是从幼瓜坐住到果实成熟期，气温开始下降，光照减弱，容易导致植株早衰，此期应尽量保持较大的营养面积。坐果后茎叶不是过分郁蔽一般不再整枝打杈，保留叶腋内长出的所有枝杈。

另外，西瓜夏秋栽培为防止叶蔓徒长和土传病害的发生，一般不采用暗压法进行压蔓，以减少瓜蔓生根徒长或染病。

4. 加强坐果管理

夏秋栽培的西瓜雌花分花较晚，节位较高且间隔较大，不易坐果。如遇不利天气，则会推迟坐果时间，从而影响产量。要想在理想的节位上坐住果，必须进行人工辅助授粉、坐瓜灵处理、子房套帽防雨保护和掐蔓摘心等其他管理。

5. 及时翻瓜、垫瓜和盖瓜

夏秋栽培的西瓜生长在高温高湿的环境中，一方面易感染土传病害，另一方面还易发生日灼现象，翻瓜、垫瓜和盖瓜的管理很重要。盖瓜主要是防日灼，可采用除掉的草盖、瓜蔓盖，也可保留结果部位瓜蔓，在瓜上盘蔓遮盖。翻瓜、垫瓜除促进果实发育均匀外，主要是保持果面干燥，预防果实病害。垫瓜可用起土墩或垫草的办法。

6. 覆盖小拱棚保温

秋种西瓜栽培进入结果期后，气温逐渐下降，不利于西瓜果实的膨大和内部糖分的积累，必须进行覆盖保护。覆盖形式多采用小拱棚覆盖，小拱棚高40～50厘米，宽1米左右，采用厚度为0.07～0.1毫米、幅宽1.5米的农用薄膜，也可用厚度0.05毫米的地膜。覆盖前，先进行曲蔓，即把西瓜秧蔓向后盘绕，使其伸展长度不超过1米，然后在植株前后两侧插好拱条，每隔80厘米左右插一根，将薄膜盖好，四周用土压严。覆盖前，晴天上午外界气温升至25℃以上时，将薄膜背风的一侧揭开通风，下午4点左右再盖好；覆盖后期只在晴天中午小通风，直到昼夜不通风，保持较高的温度，促进果实成熟。

有条件的地方也可采用大棚保护地栽培，棚上覆盖农膜防雨，四周加盖防虫网，这样栽培更理想。

7. 防治病虫草害

夏秋栽培的西瓜正处在非常不利的气候条件下，最容易遭受各种病虫危害（大棚栽培除外）。前期如遇高温干旱极易感染病毒病，植株茎叶生长畸形，失去坐果能力；而在高温高湿的情况下则易感染真菌性的病害，如白粉病、霜霉病等，降低叶片的光合功能；多雨、阵风天气容易感染炭疽病及疫病，同时也容易发生蚜虫、蓟马、红蜘蛛、潜叶蝇等虫和草害。对各种病虫草害的防治应以预防为主，除加强栽培管理，适时整枝打杈和合理施肥浇水外，一旦发现病虫草害时，应及时进行化学防治（见西瓜病虫草害防治篇）。

第四篇
西瓜的水肥管理

一、水分管理

浇水必须抓住几个关键需水临界期，才能保证西瓜健康生长。幼苗期需水量较少，一般采取控水蹲苗的措施，促进根系下扎和健壮。伸蔓期应掌握促控结合的原则，保持土壤见干见湿。西瓜进入开花结瓜期后对水分较敏感，如果水分供应不足，则雌花子房较小，发育不良；如果供水过多，易造成茎蔓旺长，对坐瓜不利，因此这个时期以保持土壤湿润为宜。

（一）浇好定植水

秧苗定植前，在棚内挖一个水池或者放几个大点的水桶，提前放上水，将水温提升到与棚温相近的温度，然后水里加上扩繁后的EM菌或者枯草芽孢杆菌。定植穴内浇上加了菌剂的水，每穴浇水大约300毫升，不等水完全渗下就放进秧苗，然后覆土，覆土高度与苗坨相平，切忌覆土过深。

（二）轻浇缓苗水

什么时候浇缓苗水不是以天数计算的，而是要看秧苗的生理指征：当新叶开始萌动（新叶发黄）、秧苗叶缘有露水出现时，说明秧苗已经缓苗，此时就要开始浇缓苗水（即便土壤不是特别干也要浇水），浇水量的大小要根据棚室的土壤性状、秧苗健康情况、当地的气温条件确定，要灵活变通。总体来说，此次缓苗水水量不要太大。

（三）巧浇定瓜水

品种不同，浇定瓜水的时间也不同，不能一概而论，要以瓜型而定。一般来说，小型西瓜要等长到鸡蛋大时浇水，中型西瓜等到鸭蛋大时浇水，大型西瓜就要等长到鹅蛋大时浇水。浇水不能过早也不能过晚，按上述原则浇定瓜水瓜膨大的速度慢。在膨瓜速度慢的时候浇水不容易裂瓜，而在膨瓜速度快的时候（浇水过晚）浇水就很容易引起裂瓜。

（四）因地制宜浇膨瓜水

一般在西瓜长到碗口大时浇水。如果定瓜水浇得及时、水量又充足，可以不浇水，具体要根据西瓜植株的长势判断是否缺水，在晴天中午光照最强、气温最高的时候，观察叶片或生长点（龙头）的表现。若龙头向上昂头生长，表示土壤含水量过大，不需要浇水；若龙头与地面保持平行生长，表示水分供应能满足正常生长，不需要浇水；若龙头向下弯曲，并有轻微萎蔫现象，说明土壤已经缺水，不能满足秧苗正常生长，必须浇水。

二、施肥管理

（一）基肥

西瓜产量高，需肥量也大，要施足基肥，尤其是有机肥，有机肥是产量和风味形成的关键。一般每亩施入腐熟有机肥5000千克、过磷酸钙30千克、三元复合肥25千克。定植时，在每个定植穴内放5～10粒美国产磷酸二铵，

图4-1　过磷酸钙肥

促进根系生长。

（二）追肥

提倡水肥一体化，浇水带肥，不浇空水。遵循"轻施苗肥、先促后控；先磷后钾，全程供氮；花前补硼，花后补钙"的追肥原则。具体操作是：

1. 促苗肥

施促苗肥的时间就是浇缓苗水的时间，二者同时进行。每亩冲施菌液（扩繁的EM菌或者酵素菌）10千克，或者海藻酸10千

图4-2　复混肥料

克、鱼蛋白5千克、糖5千克、沼液25～50千克（需要指出的是，沼液必须在空气中静置7天以上才可以使用）等有机营养液。同时，还要配合冲施少量复合肥，每667平方米用19～19～19的复合肥或20～20～20的复合肥5千克。有机营养液的主要作用是促进生根、延缓叶片衰老，促

图4-3　微生物菌剂肥

图4-4　活力钙

苗肥。施用时要求秧苗生根与发棵同时进行，加上西瓜整个生长期追肥次数很少，所以要求有机营养和无机营

养必须同时供应。

2. 定瓜肥

施定瓜肥，不是依据天数，要看生理指征。品种不同，施肥的指征也不同，不能一概而论，要以瓜型而定。一般来说，小型西瓜，等长到西瓜鸡蛋大时施肥；中型西瓜等到鸭蛋大小时施肥；大型西瓜就要等长到鹅蛋大小时施肥。此次施肥可以同浇定瓜水一并进行。具体做法是：冲施20～20～20的复合肥5千克加上15～5～25的冲施肥7.5千克，一亩地共计施肥12.5千克。

3. 膨瓜肥

膨瓜肥一般在西瓜长到碗口大时施入。此次施肥要根据实际情况区别对待，如果基肥充足，且前期追肥合理，秧苗又表现不缺水，就不需要施肥。如果土壤是砂壤土，保水保肥性差，缺水表现明显，可以随着浇水进行施肥，一般亩施15～5～25的冲施肥10千克。

4. 巧施叶面肥

根据花前补硼、花后补钙的原则，可以在开花前叶面喷洒0.1%～0.2%硼砂水溶液加新高脂膜800倍液各1次，以喷洒至瓜叶落水为止，对西瓜开花结实有促进作用。还可以喷施磷酸二氢钾和钙肥，磷酸二氢钾每隔20天使用1次、45天内最多使用2次，也可以间隔10天喷施1次、连续使用2次后停止使用。钙

图4-5　活力硼肥

肥使用螯合钙或糖醇钙等有机钙，每10天使用1次，一般补充5次左右。补施钙肥不仅能有效防止西瓜开裂、增加瓜皮的硬度，还能提高西瓜的风味和口感。需要指出的是，补施钙肥的同时必须加上氨基酸，才可以达到吸收补钙的目的。钙加氨基酸还能起到活化叶片、延缓叶片衰老的作用。

第五篇
西瓜病虫害防治

一、西瓜病害

（一）侵染性病害

1. 西瓜疫病

（1）症状

疫病又称疫霉病，西瓜的各生育期均会发生。

苗期发病，子叶上呈现圆形水烫状暗绿色病斑，病斑中央渐变成红褐色，茎基部明显缢缩（变细）直至倒伏枯死；叶片发病，初为水烫状暗

图5-1　西瓜疫霉病

绿色圆形或不规则小斑点，后迅速扩大，湿度大时软腐似水烫状，干燥时呈青枯，叶片病部变薄变脆易破裂。茎蔓发病，初期呈梭形暗绿色水浸斑，病斑环茎部变细软腐。瓜受害则软腐凹陷，潮湿时病部长出稀疏白色霉状物。根

图5-2　唑醚·代森联

颈部发病，表皮初呈褐色，内部迅速变褐腐烂，使整株萎蔫。

（2）病原

此病是由疫霉菌侵染的真菌性病害。

（3）发病条件

高温高湿有利于疫病流行。通风排水不良，雨水多或大水漫灌发

病重，重茬地发病重。

（4）防治方法

雨后及时排水，大棚西瓜及时通风，防止棚内高温、高湿。药剂防治：可选择喷洒60%唑醚·代森联水分散粒剂1000倍液，或64%杀毒矾可湿性粉剂500倍液，或72%杜邦克露可湿性粉剂700倍液，或50%安克可湿性粉剂1000倍液，或70%乙膦铝锰锌可湿性粉剂500倍液，隔7～10天（发病严重的4～5天）1次，连续防治3～4次。

2. 西瓜蔓枯病

（1）症状

蔓、叶、果实均可发病。叶部受害，也称褐斑病，初期为褐色圆形病斑，中心淡褐色，直径0.3～1厘米，病斑边缘与健组织分界明显；后期病斑可扩大至1～2厘米，病斑近圆形或互相融合成不规则形，病斑中心淡褐色，边缘深褐色，有同心轮纹，并有明显的小黑点。连续降水时，病斑扩展很快，可以遍及全叶，最后叶片变黑枯死，沿叶脉发展的病斑，初呈水渍状，后变褐色。叶柄及瓜蔓上发病，初为水渍状小斑，后变褐色梭形斑，斑上长黑色小

图5-3　西瓜蔓枯病

图5-4　西瓜蔓枯病

点，为病菌分生孢子器。果实受害时初生水浸状斑，以后中央部分为褐色枯死斑，并呈星状开裂。

与西瓜炭疽病的区别是，蔓枯病病斑表面无粉红色黏质物，中心色淡，边缘有很宽的褐色带，并有明显的同心轮纹和小黑点，不易穿孔。

（2）病原

西瓜蔓枯病由瓜类球腔菌侵染引起。

（3）发病条件

温度变化大，高温高湿，易使病害蔓延速度加快。此外，瓜类连作、温室和大棚栽培、在地势低洼、作物枝蔓茂密、通风不良、湿度大、作物长势弱等条件下发病严重。

（4）防治方法

①农业防治　平衡配方施肥。及时排除积水，降低田间湿度，发病后控制浇水。

②药剂防治　可交替使用98%恶霉灵可湿性粉剂3000倍；或64%杀毒矾可湿性粉剂500倍；或70%甲基硫菌灵可湿性粉剂1000倍加40%福星10000倍；或50%扑海因1500倍液等药剂防治，每隔5～7天喷药一次，连喷3～4次。发病田块可结合涂茎治疗。用64%杀毒矾可湿性粉剂，或两份50%多菌

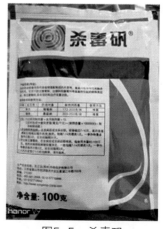

图5-5　杀毒矾

灵可湿性粉剂与一份15%三唑酮可湿性粉剂（不能用乳油）混合加冷水，调成稀糊状，用毛笔涂抹病茎、病株的病斑。

3. 西瓜炭疽病

（1）症状

可危害茎、叶、果实等，在收获后贮藏期间果实仍可发病。植株感病时，叶片上先出现病斑。病斑初期呈圆形淡黄色水渍状小斑，以后逐渐变褐，边缘呈紫褐色，中间为淡褐色，带有同心轮纹和小黑点（为病菌的分生孢子

图5-6　西瓜炭疽病　　　图5-7　西瓜炭疽病果实发病

盘）。干燥后病斑易破裂。严重时病斑连成片，形成大病斑，最后导致整个叶片干枯死亡。茎和叶柄感病，病斑为椭圆形或纺锤形，稍凹陷。病斑绕叶柄或茎一周后，茎和叶即枯死。果实受害时，受害部位初呈水渍状暗绿色小斑点，以后逐渐扩大，呈暗褐色且凹陷，严重发病时病斑连片，果实腐烂。病菌侵染的特点是，在茎、叶、果实上的病斑，当湿度大时，病斑上长出橘红色黏质物。

（2）病原

炭疽病是由半知菌刺盘孢菌属真菌侵染引起的。

（3）发病条件

病菌随病残体在土壤中或种子上潜伏，于下一个季节继续侵染危害。种子带菌的，出苗时可直接侵染子叶。土壤中的病菌从根冠直接侵入。在田间病菌的分生孢子主要靠风、灌水及整枝等途径传播。温度和湿度与该病的发生密切相关。当空气湿度为85%～95%时，病菌的潜伏期只有3天，而当空气湿度低于54%时，不能发病。病菌侵染的温度范围为10～30℃，最适温度为20～24℃。适温范围内，湿度大时发病重。地势低洼，氮肥用量过多，密度大，浇水多又通风不良时，可导致该病严重发生。

（4）防治方法

①轮作　最好与非葫芦科作物实行3年以上的轮作。

②种子及消毒　选用无病的种子。带菌种子要进行种子消毒。

③加强管理　加强通风，浇水时禁止大水漫灌，增施磷、钾肥，及时进行植株调整等措施均有防病的作用。

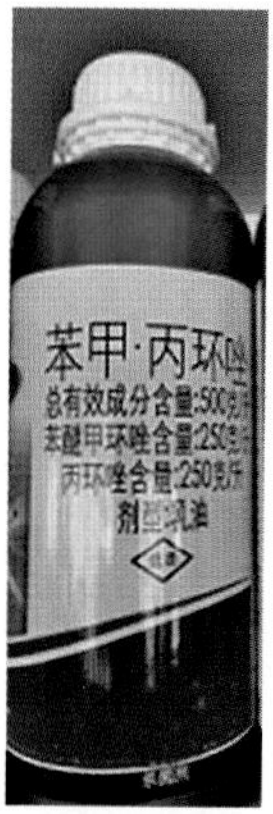

④药剂防治　注意早防，常用的药剂有：50%苯甲·丙环唑乳油1500倍液，65%代森锌可湿性粉剂600倍液；20%双效灵400倍液；75%百菌清600倍液。

图5-8　苯甲·丙环唑乳油

4. 西瓜叶枯病

（1）症状

整个生长期都可以为害，以叶片受害最重。叶片染病多在叶缘或叶脉间，出现水浸状小点，周围有黄色晕圈，

图5-9 西瓜叶枯病

后扩大成浅褐色圆形或近圆形大斑，病健界分明，有轮纹，明显或不明显，多个病斑连片后使部分或全叶枯死。茎蔓受害，病斑圆形或梭形，褐色。果实发病，初现水浸状小斑，后扩大，色深并凹陷，病部向果肉发展，引起腐烂。潮湿时各病部均可生出黑褐色霉状物。

（2）病原

分生孢子梗深褐色，单枝有分隔，顶端串生分生孢子。分生孢子淡褐色，棒形或椭圆形，有纵横分隔，顶端喙状细胞较短。

（3）发病条件

病菌在种子上或随病残体在田间越冬，成为第二年的初侵染源。田间植株发病后，病部产生的孢子借风、雨、灌溉传播，重复侵染。种子及病残体上的病菌可存活1年以上。温度14～36℃，只要相对湿度达80%以上即可发病；雨天多，雨量大，相对湿度90%左右发病严重，大风雨后病害发生普遍。晴天，日照时间长，可抑制病害发

生，连作、偏施氮肥，发病重。品种间发病程度有差异。郑杂7号、新红宝等较抗病，金钟冠龙最易感病。

（4）防治方法

①种子处理

种子用50％多菌灵可湿性粉剂500倍液浸种1～2小时，或80％402抗菌剂乳油3000倍液浸种2小时，或40％拌种双可湿性粉剂2000倍液浸种24小时，洗净催芽播种。

②田间药剂防治　发病初期用40％拌种双可湿性粉剂500倍液、60％防霉宝（多菌灵盐酸盐）可湿

图5-10　异菌脲

性粉剂500倍液、77％可杀得可湿性粉剂600倍液、60％百菌通可湿性粉剂500倍液、50％扑海因可湿性粉剂1000倍液喷雾，每隔10天左右喷1次，连续2～3次。

5. 枯萎病

（1）症状

整个生育期中均可发病，但以抽蔓到结果期最为严重。苗期发生，幼茎基部变褐缢缩，子叶萎蔫下垂，发生猝倒。成株期发病，植株生长缓慢。发病初期，植株白天萎蔫，早、晚恢复正常。随着病情的加重，病

图5-11　西瓜枯萎病

茎、病叶逐渐增多，植株早、晚也不能恢复正常，最后全株枯死。发生萎蔫的植株茎基部变软，呈水渍状，以后逐渐干枯，表皮粗糙，根颈部纵裂。潮湿时，茎基部呈水渍状腐烂，出现粉红色霉状物，病部常流出胶汁物。将病茎纵剖，可见维管束变为褐色，这是田间鉴定的主要根据。

（2）病原

西瓜枯萎病病菌为尖孢镰孢菌西瓜专用型。

（3）发病条件

以菌丝体、厚坦孢子和菌核在土壤、病残体及未经腐熟的有机肥中潜伏，成为病害的主要初侵染源，病菌在土中能存活5~6年，甚至更长。

图5-12 西瓜枯萎病田间症状

附着在种子表皮的病菌，在种子发芽时可直接侵入胚根；病菌可通过植物的根毛或根茎部伤口侵入植株体。病菌侵入植株体内，先在细胞内生长、扩散，然后进入导管组织，分泌毒素，将导管受损，水分无法运输，从而导致植株萎蔫死亡。病菌可通过灌溉水和土壤耕作等途径传播。

枯萎病菌在8~34℃条件下都能生长，但以24~28℃最适宜。灌溉不当，低洼地种植，土壤湿度过大，偏施过多的氮肥和未充分腐熟的有机肥，都可使病害加重。

（4）防治方法

①品种及轮作　选用抗病品种。西瓜最忌重茬，实行轮作，避免重茬。

②药剂浸种　可用50%多菌灵400倍液，或50%甲基托布津400倍液浸泡30分钟，然后用清水冲洗干净。

③土壤灭菌　播种或定植前，在苗床上或定植穴内撒药土，达到灭菌的目的。药土用1份50%的多菌灵可湿性粉剂，或70%甲基托布津可湿性粉剂，掺入100份细干土，充分拌匀。

田间发现病株后，及时将其拔除并烧毁，同时将原病株周围的土壤撒上多菌灵或甲基托布津粉剂，以防病菌扩散。

④嫁接栽培　嫁接栽培是目前防治该病最为有效的方法。

⑤药剂防治　注意早发现，早防治。方法是将病株根系周围的土扒开，露出根茎，然后用50%的多菌灵500倍与70%甲基托布津500倍液的混合液，每株0.5~1千克灌根。为更好地发挥药效，药液渗完后，在阳光下暴晒1~2天后再将扒开的土坑填好。还可选用70%噁霉灵可湿性粉剂600倍液，或25%的苯莱特可湿性粉剂500~800倍液，或抗枯宁针剂500倍液，或70%的敌克松可湿性粉剂500倍液，或

图5-13　噁霉灵

50%代森铵水剂1000~1500倍液，或200倍的10%的双效灵药液，或100倍的农抗120药液等灌根。一般隔7天左右灌一次，连灌2~3次。

6. 细菌性果腐病（果斑病）

（1）症状

又称为西瓜细菌性果斑病。

西瓜感病：子叶呈现水浸状斑点，后变成褐色坏死斑，常伴有黄色晕圈；真叶有不明显褐色小病斑，严重时出现受叶脉限制的水浸状病斑，病斑沿叶脉蔓延，在高湿环境下病斑处分泌菌脓。在果实上的症状因品种不同而异，朝上面的果皮出现水浸状墨绿色小斑点，随后扩大成为不规则的水浸状墨绿色大斑块。初期病部只局限在果皮，而果肉组织仍然正常，但西瓜的商品价值已明显降低不能贮藏。发病中、后期病原菌及腐生菌使果肉变成水浸状，果皮龟裂，果肉腐烂。

（2）病原

为燕麦食酸菌西瓜亚种。

（3）发病条件

①传播途径：病原菌主要潜伏在带菌的西瓜、甜瓜种子中，借助种子销售流通传播。同时，也不排除土壤和空气带菌及病残体越冬传播的可能性。此外嫁接

图5-14　细菌性果腐病（果斑病）

育苗时，通过切口、污染的刀具、育苗盘、嫁接工人的手指等均会加重病原菌的传播。西瓜、甜瓜生长期中喷灌、降雨等环境条件也能促进病原的传播。采种时阴天湿种子长期暴露不干，也为细菌入侵提供了绝佳机会。

②流行条件：第一是病原菌的存在，如带菌的种子、土壤及病残体。第二是高湿的发病环境，嫁接后伤口愈合期的密闭保湿最易发病。第三是感病的种类和品种，如品质优良的哈密瓜和无籽西瓜均易感病。

（4）防治方法

①加强哈密瓜等葫芦科作物种子的进口检疫，杜绝带菌种子进入我国。

②种子无菌是预防该病发生的首要措施　A.在种子方面，应自无发病的地区采种，种苗生产过程应避免污染病菌。生产的种子则应进行种子带菌率测定。种子处理也是预防种子传病的可行措施，实验证实，采种时种子与果汁、果肉一同发酵24～48小时后，种子随即以1%的盐酸浸渍5分钟，或以1%次氯酸钙〔Ca（ClO）$_2$〕浸渍15分钟，接着水洗、风干，都可以有效去除种子携带的病菌，大幅度降低田间发病率，且该二处理对种子发芽也没有不良的影响，种子公司可考虑采用。其他种子消毒方法，瓜种可用70℃恒温干热灭

图5-15　氯溴异氰尿酸

菌72小时，或55℃温水浸种25分钟，捞出后清水冲洗、晾干，2天内催芽播种；或40%的福尔马林150倍液浸种1.5小时或200mg/kg的新植霉素和硫酸链霉素浸种2小时，冲洗干净后催芽播种。B.在田间管理方面，轮作倒茬、无病土育苗、合理的灌溉。保证幼苗无病。方式是预防本病最重要的关键，由于喷灌会散播病菌且造成果实上积水，有利于病菌侵入感染，因此，应尽量改采滴灌或降低水压，让灌溉水仅喷及根围。病害一旦出现后，则应随时清除病苗和病果，以免遗留田间成为二次感染源。另一方面，彻底清除田间杂草，也是减少该病发生的重要措施。因病菌可从伤口侵入，因此，不要在叶子上露水未干的感染田块中工作，也不要把感染田中用过的工具拿到未感染田中使用。C.在常年发病区，至少3年内不得在同一田块或相近田块种植哈密瓜或其他葫芦科作物。D.该病是由细菌引起，有效的药剂应该是铜剂或抗生素剂。国外实验显示，适时的施用铜剂确有预防效果，研究证实含铜制剂的"铜锌锰乃浦""氢氧化铜""嘉赐铜"及抗生素剂如"四环霉素""多保链霉素"等，在培养基上都可以显著抑制病菌的生长，田间新植霉素有很好的防病效果。5%百菌清或10%脂铜粉尘剂，每667平方米1千克。14%络氨铜水剂300倍液，或50%甲霜铜可湿性粉剂600倍液，50%琥胶肥酸铜可湿性粉剂500倍液、60%琥乙膦铝可湿性粉剂500倍液、77%可杀得可湿性微粒粉剂400倍液，每667平方米用60～75升，连续3～4次。50%氯溴异氰脲酸可溶性粉剂1000倍液；硫酸链霉素或72%农用链霉素可溶性粉剂4000

倍液；47%加瑞农600～800倍液；40万单位的青霉素甲盐5000倍液也有效；1千万单位链霉素+80万单位青霉素+30斤水；1千万单位新植霉素+120斤水。

7. 西瓜病毒病

（1）症状

西瓜病毒病又叫花叶病、小叶病等，以花叶型病毒病为主。西瓜病毒病花叶型症状是顶部叶片呈黄绿镶嵌花纹，以后变皱缩畸形，叶片变小，叶面凹凸不平，新生茎蔓节间缩短，纤细扭

图5-16 西瓜病毒病

曲，坐果少或不坐果。蕨叶型为顶部叶片变为狭长，皱缩扭曲，植株矮化，有时顶部表现簇生不长，严重的不能坐果。发病轻微的植株形成小瓜，畸形瓜。

（2）病原

西瓜病毒病由多种病毒侵染引起发病，主要有西瓜花叶病毒2号（WMV～2）、黄瓜花叶病毒（CMV）、甜瓜花叶病毒（MMV）、黄瓜绿斑花叶病毒（CGMMV）等。

（3）发病条件

以蚜虫传毒和接触传毒，从伤口侵入，种子和

图5-17 西瓜病毒病发病幼瓜

土壤不传毒。在田间为防止西瓜病毒病的传染，主要应抓住蚜虫防治。高温、强光、干旱的气候条件，利于蚜虫的繁殖和迁飞，传毒机会增加，发病重。

（4）防治方法

①选择瓜地　为防止附近温室、大棚、菜地的蚜虫迁入传毒，应选择远离上述虫源的地块种瓜，减少蚜虫迁入传毒机会。

②选种抗病品种　西瓜不同品种抗病毒能力不同，应结合当地情况选用高产抗病良种。

③喷药防病　每公顷用20%吗胍·乙酸铜可湿性粉剂2.5～3.75千克；或2%宁南霉素（菌克毒克）水剂4.5～6.0升对水喷雾。

④治蚜防病　为了控制蚜虫传毒，应在田间设置黄板诱蚜，对最初迁入瓜田的蚜虫有粘杀作用，推迟蚜虫传毒发病。在蚜虫发生

图5-18　吗胍·乙酸铜

量较多时，采用喷药防治。每公顷可选用3%啶虫脒乳油0.6～0.75升；或10%吡虫啉可湿性粉剂0.3千克；22%噻虫·高氯氟（阿立卡）微囊悬浮剂84～168毫升；或40%氧乐果乳油1.5升；或30%甲氰·氧乐果（速克毙）乳油0.3升对水喷雾。喷药时按每公顷药液量加入有机硅助剂杰效利或透彻75毫升，可提高防治效果节省用药量。

⑤拔除病株　对田间发生的重病株，要及时拔除，防止其受蚜虫危害成为田间毒源。

8. 西瓜白粉病

（1）症状

此病主要危害叶片，其次是叶柄和茎，一般不危害果

实。发病初期叶面或叶背产生白色近圆形星状小粉点，以叶面居多，当环境条件适宜时，粉斑迅速扩大，连接成片，成为边缘不明显的大片白

图5-19　西瓜白粉病

粉区，上面布满白色粉末状霉（即病菌的菌丝体、分生孢子梗和分生孢子），严重时整叶面布满白粉。叶柄和茎上的白粉较少。病害逐渐由老叶向新叶蔓延。发病后期，白色霉层因菌丝老熟变为灰色，病叶枯黄、卷缩，一般不脱落。当环境条件不利于病菌繁殖或寄主衰老时，病斑上出现成堆的黄褐色的小粒点，后变黑（即病菌的闭囊壳）。

（2）病原

为葫芦科白粉菌。

（3）发生条件

在南方，周年可种植瓜类作物，白粉病菌不存在越冬问题，病菌以菌丝体或分生孢子在西瓜或其他瓜类作物上繁殖，并借助气流、雨水等传播，形成扩大侵染。在这些地区，白粉病菌较少产生闭囊壳。高温干燥有利于分生孢子繁殖和病情扩展，尤其当高温干旱与高湿条件交替出

现，又有大量白粉菌时此病易流行。在栽培管理上种植过密，通风透光不良；氮肥过多，植株徒长；土壤缺水，灌溉不及时，则病势发展快，病情重。灌水过多，湿度增大，地势低洼。排水不良，或靠近温室大棚等保护地的西瓜田，发病也重。西瓜的不同生育期对白粉病的抵抗力也不同，一般是苗期或成株期的嫩叶抗病力强。

（4）防治方法

①合理密植，采取高畦深沟种植方式　畦上覆盖地膜；重点加强瓜期后的田间管理，合理整枝，适时摘除病重叶和部分老叶，以利通风透光，降低田间湿度，减少病菌的重复侵染。

②抓住西瓜爱水怕水的特性，采取干干湿湿的灌洒方式　雨后注意排水，防止瓜田受浸和田间渍水；连续降雨过后应抢晴施药，以防止该病在瓜田迅速流行蔓延。

③做好施肥工作　以有机肥为主，有机肥和无机肥相结合的施肥方式，氮、磷、钾配施。西瓜后期追肥应以复合肥为主，尽量少施或不施尿素，以提高植株的抗病能力。

④加强栽培管理　注意氮、磷、钾肥的配合施用，防止偏施氮肥。培养健壮植株。注意及时进行植株调整，防止叶蔓过密，影响通风透光。及时剪掉病叶烧毁，防止蔓延。

⑤药剂防治　在发病初期及时防治，药剂可选用50%翠贝干悬浮剂3000倍液，或40%福星乳油4000倍液，或10%世高水分散粒剂1500倍液，或62.25%仙生可湿性粉剂

600倍液，或15%粉锈宁可湿性粉剂1500倍液，或70%威尔达甲托可湿性粉剂800倍液，或75%百菌清可湿性粉剂600倍液，或2%农抗120水剂200倍液等喷雾，每隔7~10天1次，连续防治2~3次，注意交替使用。保护地还进行烟熏处理，每50立方米用硫黄120克，锯末500克拌匀，分

图5-20　醚菌酯

放几处；或用45%百菌清烟熏剂每667平方米250克进行熏蒸，傍晚开始熏蒸一夜，第二天清晨开棚通风。西瓜花期慎用三唑酮类药剂。

9. 西瓜灰霉病

（1）症状

发病幼叶易受害，造成"龙头"枯萎，进一步发展到全株枯死，病部出现灰色霉层。幼果发病，多发生在花蒂

图5-21　西瓜灰霉病

部，初为水渍状软腐，以后变为黄褐色并腐烂、脱落。受害部位表面均密生灰色霉层。

（2）病原

为瓜疮痂枝孢霉菌。

（3）发生条件

病菌主要以菌丝体和菌核随病残体在土壤中越冬，翌年春后，菌丝体产生分生孢子，或菌核萌发产生囊盘，释放出子囊孢子，借助气流和雨水等条件传播，危害西瓜幼苗、花瓣和幼果等，引起初侵染，在病部产生霉层，并产生大量分生孢子进行再侵染，病害的扩展蔓延造成死苗、烂瓜而减产。进入秋季，气温降低，又产生菌核，并进行越冬。病菌适宜生长的温度范围为-2～33℃，最适宜发病的环境条件为温度22～25℃，相对湿度为95%。在高温高湿条件下，连作田发病重。

图5-22 嘧霉胺

（4）防治方法

①合理轮作　与非寄主作物实行2年以上的轮作，有条件的可进行水旱轮作，防病效果更好。

②床土消毒　对育苗床土用70%敌克松原粉1000倍液，每平方米床面浇灌4～5千克消毒液。

③药剂防治　发病初期可选用50%凯泽干悬浮剂1200倍液，或50%农利灵可湿性粉剂1500倍液，或40%施佳乐悬浮剂800～1000倍液，或50%速克灵可湿性粉剂1000倍

液，或50%扑海因可湿性粉剂1000～1500倍液等喷雾防治，每隔7天左右1次，连续防治2～3次。保护地栽培还可用百菌清烟剂防治，每亩标准大棚每次用45%百菌清烟剂250克。为防止"沾花"传病，可在"沾花药液"中加入0.1%的50%扑海因悬浮剂，每隔7天1次，连续熏蒸2～3次。

10. 西瓜霜霉病

（1）症状

发病初期，叶面上出现水浸状不规则形病斑，逐渐扩大并变为黄褐色，湿度大时叶片背面长出黑色霉层。发病严重时多数叶片凋枯。

图5-23　西瓜霜霉病

（2）病原

为古巴假霜霉菌。

（3）发生条件

田间病菌主要靠气流传播，从叶片气孔侵入。霜霉病的发生与植株周围的温湿度关系非常密切，病害在田间发生的气温为16℃，适宜流行的气温为20~24℃。高于30℃或低于15℃发病受到抑制。孢子囊萌发要求有水滴，当日平均气温在16℃时，病害开始发生，日平均气温在18~24℃，相对湿度在80%以上时，病害迅速扩展。叶面有水膜时容易侵入。在湿度高、温度较低、通风不良时很易发生，且发展很快。

（4）防治方法

定植时严格淘汰病苗。选择地势较高，排水良好的地块种植。施足基肥，合理追施氮、磷、钾肥，生长期不要过多地追施氮肥，以提高植株的抗病性。

图5-24　氟菌·霜霉威

田间发病时及时进行防治，病害发生初期，可采用下列杀菌剂或配方进行防治：687.5克/升霜霉威盐酸盐·氟吡菌胺悬浮剂800~1200倍液；66.8%丙森·异丙菌胺可湿性粉剂600~800倍液；84.51%霜霉威·乙膦酸盐可溶性水剂600~1000倍液；70%呋酰·锰锌可湿性粉剂600~1000倍液；69%锰锌·烯酰可湿性粉剂1000~1500倍液；440

克/升双炔·百菌清悬浮剂600~1000倍液；25%烯肟菌酰乳油2000~3000倍液+75%百菌清可湿性粉剂600~800倍液；对水喷雾，视病情隔5~7天1次。

11. 根结线虫病

（1）症状

有的呈串珠状，有的似鸡爪状。致地上部生长发育不良，轻者病株症状不明显，重病株则较矮小黄瘦，瓜秧杇住不长，坐不住瓜或瓜长不

图5-25　西瓜根结线虫病

大，遇有干旱天气，不到中午就萎蔫，严重影响西瓜产量和品质。

（2）病原

为南方根结线虫1号小种，属植物寄生线虫。

（3）发生条件

根结线虫多在土壤5~30厘米处生存，常以卵或2龄幼虫随病残体遗留在土壤中越冬，病土、病苗及灌溉水是主要传播途径。一般可存活1~3年，翌春条件适宜时，由埋藏在寄主根内的雌虫，产出单细胞的卵，卵产下经几小时形成一龄幼虫，脱皮后孵出二龄幼虫，离开卵块的二龄幼虫在土壤中移动寻找根尖，由根冠上方侵入定居在生长

图5-26　根结线虫

锥内，其分泌物刺激导管细胞膨胀，使根形成巨型细胞或虫瘿，或称根结，在生长季节根结线虫的几个世代以对数增殖，发育到4龄时交尾产卵，卵在根结里孵化发育，2龄后离开卵块，进土中进行再侵染或越冬。在温室或塑料棚中单一种植几年后，导致寄主植物抗性衰退时，根结线虫可逐步成为优势种。南方根结线虫生存最适温度25～30℃，高于40℃，低于5℃都很少活动，55℃经10分钟致死。田间土壤湿度是影响孵化和繁殖的重要条件。土壤湿度适合蔬菜生长，也适于根结线虫活动，雨季有利于孵化和侵染，但在干燥，或过湿土壤中，其活动受到抑制，其为害砂土中常较黏土重，适宜土壤pH4～8。

（4）防治方法

①水淹法：有条件地区对地表10厘米或更深土层淤灌几个月，可在多种蔬菜上起到防止根结线虫侵染、繁殖和增长的作用，根结线虫虽然未死，但不能侵染。②在根结线虫发生严重田块，实行与芦笋2年或5年轮作，可收到理想效果。此外，芹菜、黄瓜、番茄是高感菜类，大葱、韭菜、辣椒是抗耐病菜类，病田种植抗耐病蔬菜可减少

损失，降低土壤中线虫量，减轻下茬受害。③保护地重病田，定植时，穴施10%力满库颗粒剂，每667平方米5千克，或用50%克线磷颗粒剂，每667平方米300～400克、5%茎线灵颗粒剂，每公顷15千克。④使用D～D混剂熏蒸，先在垄上开沟16～20厘米，每667平方米施用原液20千克，施后覆土熏7～14天后再栽瓜苗或直播，施药时要求地温为15～27℃，土湿5%～25%，此外还可选用80%二氯异丙醚乳油，每667平方米90～170毫升，稀释1000倍，用法同D～D混剂。也可选用3%甲基异硫磷颗粒剂，每667平方米10～15kg。

（二）生理性病害

西瓜生理性病害是指其不能适应环境因素导致生理障碍而引起的植株或果实异常现象。在西瓜生长发育过程，由于不合理的耕作、栽培、水肥管理及不适宜环境条件的影响，常会引起生理病害的发生，降低西瓜的产量和品质。

1. 僵苗

（1）症状

植株矮小，生长缓慢，地下根发黄甚至褐变，新生的白根少，是苗期和定植前期的主要生理病害。

（2）发病原因

①气温低，土壤温度低；②土质黏重，土壤含水量高；

图5-27　西瓜僵苗

③定植时伤根过多；④整地、定植时操作粗放，根部架空；⑤苗床或定植穴内施用未经腐熟的农家肥发热烧根或施用化肥较多，离根较近，土壤溶液浓度过高而伤根。

（3）防治方法

①改善育苗环境，培育生长正常、根系发育好、苗龄适当的健壮幼苗；②定植后防止受到冷害、冻害；③定植后防止沤根；④施用腐熟有机肥，施用化肥要适宜，与主根保持一定距离。

2. 徒长

（1）症状

在苗期及坐果前表现为节间伸长，叶柄和叶身变长，叶色淡绿，叶片较薄，组织柔嫩；在坐果期表现为茎粗叶大，叶色浓绿，生长点翘起，不易坐果。

（2）发病原因

①苗床或大棚温度过高，光照不足，土壤和空气湿度高；②氮素营养过多，营养生长与生殖生长失调，坐果困难。

（3）防治方法

①控制基肥的施用量，前期少施氮肥，注意磷、钾肥的配合；②苗床或大棚栽培时温度应采取分段管理，适时通风、排湿，增加光照，降低夜

图5-28　西瓜徒长

温；③对已经徒长的植株，可通过适当整枝，大顶以抑制其营养生长，可采取去强留弱的整枝方式或部分断根等手段控制营养生长，并进行人工辅助授粉，促进坐果。

3. 粗蔓

（1）症状

此病症状从西瓜甩蔓到瓜胎坐住后开始膨大均可发生，以瓜蔓伸长约0.8厘米以后发生较为普遍。发病后，距生长点8～10厘米处瓜蔓显著变粗，顶端粗如大拇

图5-29　西瓜粗蔓

指且上翘，变粗处蔓脆易折断纵裂，并溢出少许黄褐色汁液，生长受阻。以后叶片小而皱缩，近似病毒病，影响西瓜的正常生长，不易坐果。

（2）发病原因

肥料和水分过多，偏施氮肥，浇水量过大，或田间土壤含水量过高，温度忽高忽低，土壤缺硼、锌等微量元素。植株营养过剩，营养生长过于旺盛，生殖生长受到抑制，植株不能及时坐果。

（3）防治方法

①选用抗逆性强的品种。据田间观察，早熟品种易发生，中晚熟品种发生轻或不发生。②加强苗期管理，培育壮苗，定植无病壮苗。③采用配方施肥，平衡施肥，增施腐熟有机肥和硼、锌等微肥，调节养分平衡，满足西瓜生

长对各种养分元素的需要。④加强田间管理，保护地加强温、湿度管理，加强通风，充分见光，促使植株健壮生长。⑤症状发生后，用50%扑海因可湿性粉剂1500倍＋0.3%～0.5%硼砂＋爱多收6000倍液喷雾；或用50%扑海因可湿性粉剂1500倍＋0.3%～0.5%硼砂＋尿素喷雾，每4～5天喷1次，连喷2次，防治效果明显。

4. 急性凋萎

（1）症状

图5-30　西瓜急性凋萎

西瓜嫁接栽培容易发生的一种生理性凋萎，其症状为初期中午地上部萎蔫，傍晚尚能恢复，经3～4天反复后枯死，根茎部略膨大，无其他异状，与侵染性枯萎病的区别在于根茎维管束不发生褐变，发生时间在坐果前后，在连续阴雨弱光条件下容易发生。

（2）发病原因

①与砧木种类有关，葫芦砧发生较多，南瓜砧发生较少；②从嫁接方法来看，劈接较插接容易发病；③砧木根系吸收能力随着果实的膨大而降低，而叶面蒸腾则随叶面积的扩大而增加，根系的吸水不能适应蒸腾而发生凋萎；④农事操作抑制了根系的生长，加大了吸水与蒸腾之间的矛盾，导致凋萎加剧；⑤光照弱，弱光会提高葫芦、南瓜砧急性凋萎病的发生。

3. 防治方法

目前主要是选择适宜砧木，通过栽培管理增加根系的吸收能力。

5. 畸形果

（1）症状

瓜果的花蒂部位变细，果梗部位膨胀，常称尖嘴瓜；瓜果的顶部接近花蒂部位膨大，而靠近果梗部较细，呈葫芦状；瓜的横径大于纵径，呈扁平状；果

图5-31　西瓜畸形果

实发育不平衡，一侧发育正常，而另一侧发育不正常，呈偏头状。

（2）发生原因

西瓜在花芽分化阶段，养分和水分供应不均衡，影响花芽分化；或花芽发育时，土壤供应或子房吸收的锰、钙等矿质元素不足；或在干旱条件下坐瓜以及授粉不均匀，昆虫活动的破坏影响，均易产生畸形果。

（3）综合防治

①加强苗期管理，避免花芽分化期（2～3片真叶）受低温影响。②控制坐瓜节位，在第2～3朵雌花留瓜。③采取人工授粉，每天早上7：00～9：30用刚开放的雄花轻涂雌花，尽量用异株雄花或多个雄花给一朵雌花授粉。授粉量大，涂抹均匀利于瓜形周正。④适宜追肥，防止生产中脱肥。在70%的西瓜长到鸡蛋大小时，及时浇膨瓜水、施膨瓜

肥。应注意少施氮肥，偏施磷、钾肥，以控制植徒长促使光合作用同化养分在植株体内正常运转。⑤防止虫害。

6. 空洞果

（1）症状

图5-32　西瓜空洞果

西瓜果实内果肉出现开裂，并形成缝隙空洞。分横断空洞果和纵断空洞果两种。从西瓜果实的横切面上观察，从中心沿子房心室裂开后出现的空洞果是横断空洞果，从纵切面上看，在西瓜长种子部位开裂的果实属纵断空洞果。空洞果瓜皮厚，表皮有纵沟，糖度偏高。

（2）发生原因

①在遇到干旱或低温时，西瓜内部养分供应不足，种子周围不能自然膨大。后期若遇到长时间高温，果皮继续发育，形成横断空洞果。②在果实发育成熟期，如果浇水过多，种子周围已成熟，而另一部分果肉组织还在继续发育，由于发育不均衡，就会形成纵断空洞果。

（3）防治措施

①加强田间管理，注意保温，使其在适宜的温度条件下坐果及膨大。在低温、肥料不足，光照较弱等条件下，可适当推迟留果，采用高节位留果。②坐果后也要适当整枝，一般品种采用"一主二侧"三蔓整枝法，瓜膨大期停止整枝，同时疏掉病瓜、多余瓜，调整坐果数。③均衡施肥，可用叶面肥喷施。

7. 肉质恶变果

（1）症状

肉质恶变，又称果肉溃烂病。果肉呈水浸状，紫红色至黑褐色，严重时种子四周的果肉变紫溃烂，失去食用价值。

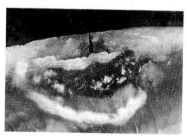

图5-33 西瓜肉质恶变果

（2）发病原因

①果实受到高温和阳光照射，致使养分、水分的吸收和运转受阻。②持续阴雨天后突然转晴，或土壤忽干忽湿，水分变化剧烈，植株产生生理障碍时发病重。③西瓜后期脱肥，植株早衰。④出现叶烧病、病毒病的植株易产生肉质恶变果。

（3）防治措施

①深翻瓜地，多施有机肥，保持土壤良好的通气性。②叶面喷施0.3%的磷酸二氢钾，每7～10天喷1次，连喷2～3次，防止植株早衰。③夏季高温阳光直射的天气，叶面积不足果实裸露时，可用草苫遮盖果实。④喷施25%功夫乳油2000倍液，控制蚜虫迁飞，减轻病毒病的发生。已发生病毒病的地块，可用辛菌胺醋酸盐+氨基寡糖素进行防治。⑤田间作业整枝应尽量减少。

8. 裂果

（1）症状

从花蒂处产生龟裂，幼果到成熟均可发生。通常果皮薄的品种和小西瓜品种易发生。

图5-34　西瓜裂果

（2）发病原因

①土壤极度干旱后浇水。②高温多雨。

（3）防治方法

①选择适宜品种。②实行深耕，促进根系发育，吸收耕作层底部水分，并采取地膜覆盖保湿。③果实成熟时严禁大水漫灌，避免水分巨变。

9. 脐腐果

（1）症状

果实顶部凹陷，变为黑褐色，后期湿度大时，遇腐生霉菌寄生会出现黑色霉状物。

（2）发病原因

①在天气长期干旱的情况下，果实膨大期水分、养分供应失调，叶片

图5-35　西瓜脐腐果

与果实争夺养分，导致果实脐部大量失水，使其生长发育受阻。②由于氮肥过多，导致西瓜吸收钙素受阻，使脐部细胞生理紊乱，失去控制水分的能力。③施用激素类药物干扰了瓜果的正常发育，均易产生脐腐病。

（3）防治方法

①瓜田深耕，多施腐熟有机肥，促进保墒。②均衡供应肥水。③叶面喷施1%过磷酸钙，每15天喷1次，连喷2～3次。

二、虫害

（一）瓜蓟马

1. 危害症状

瓜田常见的有烟蓟马、棕榈蓟马等。蓟马用锉吸式口器锉吸嫩芽、心叶、嫩花和幼果的汁液。由于蓟马怕光，常集中在花心及生长点内。受其危害，植株主茎生长点萎缩，节间变短，叶片发黄，心叶不舒展，幼果畸形、硬化或变黑，使植株生长不良，果实易脱落。

图5-36　瓜蓟马植株萎缩

图5-37　瓜蓟马幼果畸形

2. 形态特征

蓟马体长1~1.2毫米，体色黄至淡棕色或金黄色，具缨翅，性善飞，行动迅速。

3. 生物习性

蓟马一年最多可繁殖20多代。喜温暖干燥环境，怕强光，进行孤雌生殖和两性生殖。

4. 防治方法

（1）消灭土中蓟马

前茬作物收获后，深翻并灌水，消灭土中蓟马。

（2）加强管理

清除杂草，增施磷、钾肥，使瓜秧生长健壮。

（3）药剂防治

4月下旬~6月中旬，结合其他病虫防治混合用药，此期常用

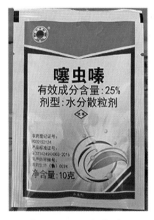

图5-38 噻虫嗪

药剂有20%噻虫嗪水分散粒剂1500倍液、5%啶虫脒乳油1000倍液、5%氟虫腈悬浮剂或20%吡虫啉悬浮剂2000倍液交替使用，每15~20天喷药1次。7~8月份以防蓟马为主，兼防其他病虫害。常用药剂有5%氟虫腈剂1000倍液+10%吡虫啉1000倍液+少量红糖，或0.3%苦参碱1000倍液+20%吡虫啉悬浮剂1000倍液+5%啶虫脒可湿性粉剂1000倍液+少量红糖，或5%啶虫脒乳油1000倍液+10%吡虫啉1000倍液+少量红糖。每隔7~10天喷1次，交替使用。对蓟马防效在90%以上，9月份以后结合其他病虫防治。

7～8月份防治时较其他月份多喷药液可提高防效。

（二）潜叶蝇及美洲斑潜蝇

1. 危害症状

潜叶蝇除可为害瓜类外，还可为害豌豆、蚕豆及十字花科植物。幼虫潜食叶肉，使叶内形成一条条白色或黄白色的虫道，被害处仅留上、下表皮，虫道内有黑色虫粪。严重时被害叶萎蔫枯死。

2. 形态特征

潜叶蝇成虫体长2～3毫米。幼虫蛆形，体长3.5毫米左右，体表光滑柔软，黄白色至鲜黄色。

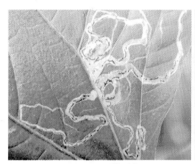 

图5-39　潜叶蝇　　　　　图5-40　美洲斑潜蝇

3. 生物习性

美洲斑潜蝇世代历期短，各虫态发育不整齐，世代严重重叠。在云南1年发生21～24代，在云南可周年发生，无越冬现象。15～26℃完成1代需11～20天，25～33℃完成1代需12～14天。其繁殖速率随温度和作物不同而异。交尾后产卵，多产在幼叶叶缘组织中，孵化后即为害叶肉。

4. 防治方法

（1）清洁田园

前茬作物收获后，将茎蔓、叶片等烧毁，深耕浇水，减少虫口。

（2）正确施肥

施用有机肥要充分腐熟，防止招蝇产卵。

（3）利用斑潜蝇的趋黄性制作黄板诱杀，或将粘蝇纸贴在涂有黄色油漆的夹板上或将涂有粘绳胶的透明塑料袋套在黄板上，每隔2～3米放1块，诱捕成虫，减少产卵，降低虫口密度。

图5-41　灭虫胺

（4）药剂防治

掌握好用药时间，选择成虫高峰期、卵孵化盛期或初龄幼虫高峰期用药。防治成虫一般在早晨晨露未干前，上午8～11时露水干后喷洒，每隔15天喷1次，连喷2～3次，效果显著，可选用的农药及配比如下：50％灭蝇胺可溶粉剂2000倍液，1.8％爱福丁乳油3000～4000倍液、48％乐斯本乳油1000倍液、40％绿菜保乳油1000～1500倍液、25％斑潜净乳油1500倍液、5％来福灵乳油3000倍液、20％康福多4000倍液等。

（三）瓜蚜

瓜蚜即是棉蚜俗称蜜虫、腻虫，栽培西瓜地区均有发生。

1. 危害症状

以成蚜和若蚜在叶背吸食汁液，使叶片枯萎、卷缩，提前干枯死亡导致减产。瓜蚜最喜食西瓜幼叶和幼茎，多成群密集在茎蔓顶端危害，使瓜蔓伸蔓受阻，长势缓慢，开花和坐果推迟。

2. 形态特征

无翅胎生雌蚜体长不到2毫米，身体有黄、青、深绿、暗绿等色。触角约为身体一半长。复眼暗红色。腹管黑青色，较短。尾片青色。有翅

图5-42 瓜蚜

胎生蚜体长不到2毫米，体黄色、浅绿或深绿。触角比身体短。翅透明，中脉三岔。卵初产时橙黄色，6天后变为漆黑色，有光泽。卵产在越冬寄主的叶芽附近。

3. 生物习性

瓜蚜在云南年发生20～30代，以卵在越冬寄主上或以成蚜、若蚜在温室内蔬菜上越冬或繁殖为害。春季气温6℃以上时开始活动，在越冬寄主上繁殖2～3代后，于4月底产生有翅蚜迁飞到露地蔬菜上繁殖为害，秋末冬初又产生有翅蚜迁入保护地，可产生雄蚜与雌蚜交配产卵越冬。

4. 防治方法

（1）清除田间杂草和瓜类、蔬菜残株病叶等。也可采取高温闷棚法，先用塑料膜将棚室密闭5天，消灭棚室中的虫源。

（2）加强田间管理，严防干旱。

（3）可选用10%吡虫啉可湿性粉剂1500倍液，或20%吡虫啉可溶液剂2000倍液，或10%啶虫脒·氯氰菊酯乳油2000～3000倍液，或5%啶虫脒微乳剂1500倍液，或4%阿维·啶虫脒1500倍

图5-43　吡虫啉

液，或20%丁硫克百威乳油3000倍液等。对大棚内发生的蚜虫，可用10%异丙威烟剂熏杀，每667平方米500～600克。若蚜虫和白粉虱同时发生在大棚（室）内可用5%灭蚜粉喷粉（每667平方米用量1千克）。为减缓抗性产生，建议农药轮换使用。

（四）白粉虱

1. 危害症状

成虫和若虫吸食植物汁液，被害叶片褪绿、变黄、萎蔫，甚至全株枯死。此外，由于其繁殖力强，繁殖速度快，种群数量庞大，群聚为害，并分泌大量蜜液，严重污染叶片和果实，往往引起煤污病的大发生，使西瓜失去商品价值。

2. 形态特征

成虫体长约4.9～1.4毫米，淡黄白色或白色，雌雄均有翅，全身披有白色蜡粉，雌虫个体大于雄虫，其产卵器为针状。

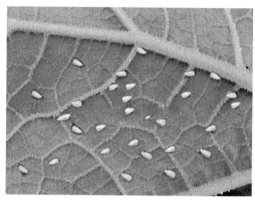

图5-44　白粉虱

3. 生物习性

白粉虱世代重叠严重，田间害虫卵、若虫、成虫同时大量存在时，一次用药往往难以控制其发生和危害，应连续用药2～3次。重点对西瓜叶背喷药，田边杂草也要喷药。

4. 防治方法

可用10％扑虱灵乳油1000倍液，25％灭螨猛乳油1000倍液，20％灭扫利乳油2000倍液，或10％吡虫啉可湿性粉剂1000倍液等连续使用几次。其次联苯菊酯、高效氯氟氰菊酯等菊酯类、呋虫胺、噻虫嗪等烟碱类，以及啶虫脒、吡丙醚、溴氰虫酰胺、异丙威、矿物油等。氟啶虫胺腈、螺虫乙酯等防治烟粉虱的药，对白粉虱也有较好防效。由于菊酯类、有机磷类农药长期单独施

图5-45　扑虱灵

用，导致白粉虱对这些药产生了较高的抗性。近年来，白粉虱对吡虫啉、噻虫嗪、吡蚜酮等药的抗性也在上升。

（五）西瓜黄守瓜

1. 危害症状

成虫取食瓜苗的叶和嫩茎，常常引起死苗，也为害花及幼瓜，使叶片残留若干干枯环或半环形食痕或圆形孔洞。

图5-46　黄守瓜

2. 形态特征

成虫体长约9毫米，长椭圆形甲虫，黄色，中、后胸及腹部的腹面为黑色。卵长1毫米，圆形，黄色。幼虫长12毫米，头部黄褐色，体黄白色。蛹长9毫米，黄白色。

3. 生物习性

每年3～4月开始活动，瓜苗3～4片叶时为害叶片。成虫喜在温暖的晴天活动，一般以上午10时至下午3时活动最烈，阴雨天很少活动或不活动，成虫受惊后即飞离逃逸或假死，耐饥力很强，有趋黄习性。

4. 防治方法

幼虫发生盛期，可采用以下杀虫剂进行防治：48%毒死蜱乳油1000～2000倍液；30%毒·阿维乳油1000～2000倍液；对水灌根。成虫发生初期，可采用以下杀虫剂进行防治：5％甲氨基阿维菌素苯甲酸盐水分散粒剂5000倍液＋4.5％高效顺式氯氰菊酯乳油2000倍液；100克/升三氟甲吡醚乳油3000～4000倍液；5.1％甲维·虫酰肼乳油3000～4000倍液；44％氯氰·丙溴磷乳油2000～3000倍液；对水喷雾。

图5-47　甲氨基阿维菌素苯甲酸盐

（六）瓜叶螨

1. 危害症状

初期叶面上出现灰白色小点，逐渐叶面变为灰白色，叶片发黄、干枯、脱落，可引起作物早衰落叶。

2. 形态特征

雌成螨体长0.4～0.5毫米，椭圆形。体色有红色、锈红色等。体背两侧有大型暗色斑块。体背生长刚毛。4对足略等长。雄成螨

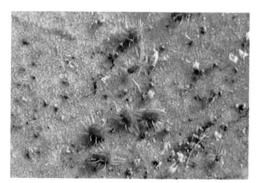

图5-48　瓜叶螨

体长0.4毫米，长圆形，腹末略尖。卵圆球形，体黄绿至橙红色，有光泽。幼螨体近圆形，较透明，足3对，取食后体变绿色。若螨足4对，体色较深，体侧出现明显斑块。

3. 生物习性

在长江流域一年发生15~18代。以成螨、若螨、卵在寄主的叶片下，土缝里或附近杂草上越冬。每年4~5月份迁入菜田，6~9月份陆续发生危害，以6~7月份发生最重。温湿度与朱砂叶螨数量消长关系密切，尤以温度影响最大，当温度在28℃左右，湿度35%~55%，最有利于朱砂叶螨发生，但温度高于34℃，朱砂叶螨停止繁殖，低于20℃，繁殖受抑。朱砂叶螨有孤雌生殖习性，未受精的卵孵化为雄虫。卵孵化时，卵壳开裂，幼虫爬出，先静在叶片上，经蜕皮后进入第1龄虫期。幼虫及前期若虫活动少，后期若虫活跃而贪食，有趋嫩的习性，虫体一般从植株下部向上爬，边为害边上迁。

4. 防治方法

田间发现威害时，及时采用下列杀虫剂进行防治：20%阿维·螺酯悬浮剂4000~5000倍液；30%嘧螨酯悬浮剂2000~4000倍液；20%甲氰菊酯乳油1000~2000倍液；10%浏阳霉素乳油1000~2000倍液；15%哒螨灵乳油1500~3000倍液；5%唑螨酯悬浮剂2000~3000倍液；73%炔螨特乳油2000~3000倍液；20%三唑锡悬浮剂2000~3000倍液；20%双甲脒乳油

图5-49　阿维·螺螨酯

1000~1500倍液；5%噻螨酮乳油1500~2000倍液；50%溴螨酯乳油1000~2000倍液；15%氟螨乳油1000~1500倍

液；对水喷雾，视虫情隔7～10天喷1次，为提高防治效果，可在药液中混加增效剂或洗衣粉等，并采用淋洗式喷药。喷药时，重点喷洒植株上部的幼嫩部位，如嫩叶背面、嫩茎、花器、幼果等。保护地可用10%哒螨灵烟剂400～600克/667平方米，熏烟。

（七）蝼蛄

1. 危害症状

蝼蛄云南常见的是非洲蝼蛄。蝼蛄喜食萌芽的种子、幼苗、嫩茎等，造成出苗不齐或幼苗死亡。同时蝼蛄在苗床表土中挖"隧道"造成幼苗根部受伤，失水死亡。

蝼蛄昼伏夜出，表现有明显的趋光性，对香甜味及豆饼、马粪等也有趋性。

2. 形态特征

成虫体长30～35毫米，前胸比较宽。体浅黄色褐色，密生细毛。前胸背板卵圆形，中心有洼陷显著的暗红色长心脏形斑。前翅超过腹部结尾，腹部近纺锤形，后足胫节反面内侧有能

图5-50 蝼蛄

动的棘3～4个。卵椭圆形，初产时灰白色，有光泽，后渐变为黄褐色，孵化前呈暗褐色或暗紫色。若虫初孵若虫乳白色，复眼淡红色。这以后，头胸部及足渐变为暗褐色，腹部蓝淡黄色。跟着虫令的增加，体色和成虫近似，茶褐

色，腹部纺锤形，胫节棘3～4个。

3. 生物习性

非洲蝼蛄一年完成一代，以成虫或若虫越冬。

4. 防治方法

（1）药剂拌种

用50%辛硫磷乳油或40%甲基异硫磷乳油拌种，用药量为种子重量的0.1%，堆闷12～24小时。药剂拌种时用药量力求准确，拌药要均匀。

图5-51 毒·辛

（2）毒饵诱杀

将麦麸、豆饼、秕谷等炒香，拌入90%敌百虫30倍液，以拌潮为度。每亩用毒饵2千克左右，于傍晚在播种后的苗床上成堆放置，可诱杀蝼蛄，也可用马粪作饵料拌敌百虫诱杀。

三、软体动物：蛞蝓、蜗牛

蜗牛和蛞蝓（又叫鼻涕虫、无壳蜗牛、粘粘虫等）是属于软体动物门、腹足纲的农作物有害生物。主要发生于

图5-52 蜗牛

图5-53 蛞蝓

南方农田及北方菜园、温室、大棚等湿度大的地方。近年来在云南省瓜类、大豆、玉米、花生、菜园、果园受其为害年年加重，甚至部分庭院、住户室内也深受其害。蜗牛昼伏夜出，阴雨天白天也出来活动。取食作物的叶片、果实，使叶片出现孔洞甚至只留下叶脉，严重者将叶片吃光造成缺苗断垄，啃食果实形成伤疤、孔洞，导致果实烂坏脱落。蜗牛、蛞蝓爬行后留下黏液痕迹污染环境。蜗牛、蛞蝓为雌雄同体。每年4～9月份活动为害，每年繁殖1～2代。冬季以成体在枯叶、土缝、土块、石块下越冬。

防治方法：

（1）清洁田园、庭院

铲除杂草、及时排干积水，破坏蜗牛栖息和产卵场所。庭院内要将杂草、砖块杂物清理干净，不给蜗牛造成滋生栖息的环境，并在其经常活动的地方撒石灰粉以触杀。

（2）撒石灰粉

在被其为害的果树、花卉、作物周围撒石灰粉，或在农田四周撒10厘米宽的石灰粉隔离带，蜗牛、蛞蝓接触到石灰粉，体液就会外渗失水而死。

图5-54　四聚乙醛

（3）撒草木灰

傍晚把干草木灰撒于田间地面和作物叶片上，使其身体触到草木灰，就会失水而死。

（4）诱捕

傍晚将烂菜叶、鲜草叶分小堆，放于田间，早晨扒开草堆将下面的蜗牛、蛞蝓杀死。

（5）人工捕捉

根据其习性，可在夜晚和雨天白天出来活动取食时人工捕杀。

（6）化学防治

一般的杀虫剂农药对蜗牛、蛞蝓均无效，只能用专杀软体动物的农药。①6%四聚乙醛颗粒剂500～750克/667平方米，掺沙子或细干土20～30千克于傍晚撒于田间。②80%四聚乙醛（密达）可湿性粉剂30～60克/667平方米，兑水30千克于傍晚喷雾防治。该药对蜗牛、蛞蝓有很好的胃毒和触杀作用。10～15天可再防治一次。

参考文献

[1]全国无子西瓜科研协作组. 无子西瓜栽培与育种. 北京：中国农业出版社，2001

[2]刘德先，周光华. 西瓜生产技术大全. 北京：中国农业出版社，1998

[3]黄学森，赵福兴，王生有. 西瓜优质高效栽培新技术. 北京：中国农业出版社，2002

[4]蒋有条. 西瓜无公害高效栽培. 北京：金盾出版社，2003

[5]俞正旺. 优质高档西瓜生产技术. 郑州：中原农民出版社，2003

[6]郑高飞，张志发. 中国西瓜生产实用技术. 北京：科学出版社，2004

[7]刘君镤，马跃. 西瓜栽培二百题. 北京：中国农业出版社，2000

[8]将有条，于惠祥，申宝根，等. 西瓜高新栽培技术. 北京：农业出版社，1993

[9]刘君璞，徐永阳. 无子西瓜优质高产栽培技术. 郑州：中原农民出版社，1997

[10]王叶筠，黎彦，蒋有条，等. 西瓜甜瓜南瓜病虫害防治. 北京：金盾出版社，1999.

[11]孙小武，王坚，蒋有条，等. 精品瓜优质高效栽培技术. 北京：金盾出版社，2001

[12]全国农技推广中心. 国家审定西瓜品种推广应用指南. 北京：中国农业出版社，2002